# PAIN CUISINE

法式餐酒館的
技巧與創意

## 紅酒香檳╳麵包
## 星級主廚
## 創新科學饗宴

**渡 邊 健 善** 著
Tateyoshi Watanabe

**フレンチバル レ・サンス**
French Bar Les Sens

瑞昇文化

## 擁有嶄新魅力的麵包料理，請搭配著紅酒與香檳一同享用吧。

各式各樣的麵包出現在家裡的餐桌上已不罕見。

並非是麵包已取代了白飯，而是喜歡麵包的人變多了。然後不將麵包僅侷限在食用的部分，能夠充分利用麵包做出變化的方法也越來越廣為人知。

在本書中將介紹可以和紅酒、香檳一起搭配享用的麵包料理。這些麵包料理中包含著本身使用麵包製作的料理、和麵包搭配組合來品嘗的料理。並且將這些料理透過法式的烹調技巧，製成如同法式料理般的麵包料理。

在麵包類的料理當中最具代表性的就是三明治和漢堡了，因此在本書中也會將這兩項代表性料理以「搭配麵包和紅酒」的版本登場。

其實法式料理原本就會使用到麵包，因此可以創造出許多搭配紅酒和香檳的麵包料理。在本書中除了會使用吐司、法式長棍麵包、牛角麵包等市售的麵包製成料理，也會從「此餡料該如何調味的角度出發，決定出要使用何種麵包或是麵團」，藉此製作出原創的獨家麵包來烹調出麵包料理。舉例來說，製作帶有番紅花香味的麵包麵團（P120），用帕馬森起司搭配上法式鹹蛋糕三明治（P134）。這些特色麵包與麵團的食譜將在本書的最後一部分來介紹給讀者。

在本書中介紹的漢堡與三明治有些可能會讓你覺得「這道料理，我究竟該怎麼吃呢？」（特別是P82、P98）

提供可以方便讓人食用的料理是非常重要的，但考量到料理需要與紅酒、香檳做搭配，如果將方便性列為最優先項目的話可能反而會讓料理喪失其魅力。

首先，從漢堡夾層中藏不住的肉類、彷彿快要滴落的醬汁或內餡，看到的瞬間肯定就會讓人食指大動。這樣激起享用者食慾的手法，對於搭配紅酒、香檳的料理來說是非常重要的。也因此這些搭配著紅酒、香檳享用的漢堡、三明治就不太適合外帶享用。

將麵包、內餡、醬汁經過搭配組合成為一道完整的料理這就是麵包料理的精隨。只要一入口，便可以讓人感受到傳統法式料理的風味，本書將更進一步的去介紹這些料理該如何搭配上紅酒、香檳帶出更佳的風味。

只要用麵包夾上，就可以變成「能輕鬆拿起」的狀況，因此對於開胃小點或前菜而言麵包也是一種非常方便的容器。但是因為三明治或漢堡總是會給人一種「輕食」的印象。因此將使用更豐盛的內餡。並且使用醬汁來裝飾，讓料理營造出一道法式料理般的豪華感是非常重要的。

也因此「不要讓料理留有輕食的印象」是讓麵包料理在搭配紅酒、香檳上的一大重點。

除此之外，還有著防止醬汁滴落的麵包、能讓口感帶來新感受的麵包、能增添風味的麵包等，麵包本身也會為了配合紅酒、香檳而進行組合和搭配。然後，比起麵包和內餡分開吃，「麵包和內餡一起吃會更好吃」的麵包料理和紅酒、香檳也會更搭。

# 適合搭配紅酒、香檳的麵包料理！

# CONTENTS

## 紅酒香檳╳麵包 星級主廚創新科學饗宴
### PAIN CUISINE

## 使用吐司的麵包料理

# 使用法式長棍麵包、法式鄉村麵包的麵包料理

# 使用牛角麵包的麵包料理

# CONTENTS

紅酒香檳╳麵包 星級主廚創新科學饗宴
PAIN CUISINE

# 主材料分類的麵包料理索引目錄

## 麵包料理中常用的醬汁索引目錄
（依筆劃排序）

### 在繼續讀本書之前

- 本書由渡邊建善所著並於 2011 年發行的 MOOK「人氣法式料理主廚的三明治與漢堡」追加了新的料理並重新編輯而成。
- 本書介紹的料理以本書的企劃宗旨為優先考量，因此也有部分『法式餐酒館 Les Sens』店內並沒有販賣的料理。
- 針對在本書中的三明治、漢堡之食譜，記載的並非是一個份的材料量。而是以容易製作的份量為主來作介紹。然後也不會寫出夾在麵包間的內餡的份量。
  這是因為內餡的份量可隨麵包的大小和厚度來做調整，因此可以依照自己的喜好來做調整。
- 書中所記載的煎烤時間、烤箱加熱時間皆為使用主廚店內的烹調器具所得出的時間。請搭配自己的烹調器具來做調整。
- 讓麵包麵團的休息時間記載為室溫 30 ～ 35℃。此溫度請依照季節的不同做調整。

# 調製醬汁時需先思考麵包與享用的部分

　　麵包料理在將麵包、醬汁與餡料組合的時候,醬汁的部分比起一般料理需要更多一點的「濃郁味道」是一大關鍵。若醬汁要與麵包搭配享用的話,僅配合麵包調出濃淡適中的味道是不行的。為了調出「濃郁味道」有需多的方法可以達成。像是將鹽分的濃度提升,這方法並不僅止於將醬汁煮乾成更濃,也可以加入明膠或小麥粉混合製造出黏度更高的醬汁,藉此讓醬汁可以更緊密的沾在麵包上也是造就「濃郁味道」的技巧之一。因為麵包本身也內含鹽巴、砂糖或奶油,要依照麵包的種類來調整醬汁的濃度。

　　但是如果醬汁的味道太濃的話,材料本身的味道就會被醬汁所掩蓋。所以說掌握平衡才是最重要的。而醬料濃淡的平衡掌握就要考慮到麵包的厚度、餡料的切法等因素。

　　此外,也不能一昧的增加醬汁濃度,選擇可以為醬汁增添更多香氣的麵包也可以讓兩者搭配起來更加完美。因此若是要將既有的法式料理與麵包結合的時候,依照菜色的醬汁選擇可以讓香味更加濃郁的麵包也是一種很好的方法。

# 將麵包的口感變成品嘗的重點

　　這點在三明治與漢堡上特別明顯，麵包料理所具備的特色是會將麵包與餡料一同入口品嘗。

　　在這種狀況之下，口感不僅止於餡料，連麵包的口感也是影響美味度的一大重點。麵包並不是只能直接使用，可以拿去烤、拿去油炸等方式來改變口感的印象和風味的印象。會隨著時間慢慢變硬的麵包也可以拿來和湯品一同享用與搭配。此外只使用蓬鬆的麵包麵團、還有在切的時候調整麵包的厚度對於享用時的印象也會變得不一樣。

　　無論如何，在麵包與餡料一同享用時，一定會感受到麵包的存在，因此可以挑選可以更好享受麵包風味的組合方式。

　　即使是同樣的料理，只要搭配上各式各樣的麵包即可創造出不同的風味，在這種狀況時，麵包的切法、是否要烤過等就要依照麵包的種類來下功夫。

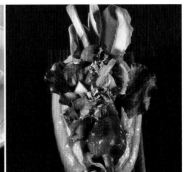

# 享受麵包外型的樂趣吧

在麵包料理中最受歡迎的三明治、漢堡是由吐司和小圓麵包的外型延伸而成的料理。但是在與紅酒、香檳最搭的麵包這塊，不使用麵包既有的外型也沒關係。像是將麵包像切絲一樣亂切一通，讓麵包的形象改變也是一種樂趣。

像是法式鄉村麵包等巨蛋型的麵包，可以活用這個外型，將中央掏空後讓麵包成為一個容器，只要在中央放入不同的餡料，麵包給人的印象就會改變。

也可以再進一步，從麵包製作的時候開始發想，讓麵包料理更加豐盛，外觀也更加引人注目。像是在本書當中，將牛角麵包的麵團以直筒狀的形式去烘焙並在其中塞入了餡料（P92）、還有將佛卡夏以貝殼外型的麵團來進行烘焙。這種外觀上的變化也會提升料理的美味度。即使是我們很熟悉的麵包，只要改變了一下外型對於味道的印象也會截然不同。

對於吐司來說，可以透過挖空中央、塞進模具中讓外型改變。不管要包覆或是反轉都可以達成，因此能讓人感受到「這究竟是什麼啊！」的驚喜感。

# 使用吐司的
# 麵包料理

▶沙拉和、奶油燉煮和、慕斯和…

▶包夾、卷起、重疊

▶烤、炸、煮

# 圓滾滾麵包與豬腳炸肉餅

本道料理特色在於富含膠原蛋白的豬腳所帶來的美味，為了活用豬腳柔軟的肉質因此將其製成炸肉餅。先將去骨的豬腳切成 1cm 的正方體，即可讓人充分品嘗到肉的口感與美味。而炸肉餅的外衣不使用麵包粉而是使用切邊的吐司。同時也不使用常見的油炸，而是在平底鍋中放入較多的油加熱，並用湯匙勺起油並淋上去的方式來處理，這種烹調手法在法國被稱為「油淋法」（Arroser）。

# 圓滾滾麵包與豬腳炸肉餅

## 麵包

吐司（不使用吐司邊）

## 餐點組成

豬腳炸肉餅＊
番茄醬汁＊
細葉香芹

### 製作方法

1 在盤子中先淋上番茄醬汁，之後將豬腳炸肉餅放入盤中，最後以細葉香芹來裝飾。

---

＊調理豬腳前的事前準備

**材料（容易製作的份量）**

豬腳…4 副
洋蔥…1 顆
紅蘿蔔…1 根
西洋芹…1 根
白酒…100g
水…適量

＊豬腳炸肉餅

**材料（4 ～ 5 個份）**

豬腳（事前準備完畢後）…200g
豬絞肉…200g
洋蔥…100g
鹽巴…6g
胡椒…適量
肉豆蔻…適量
吐司…適量
蛋液…適量
低筋麵粉…適量
沙拉油…適量

### 製作方法

1 首先是調理豬腳前的事前準備。將豬腳與切過的洋蔥、紅蘿蔔、西洋芹、白酒混合，加水直到材料快全部浸入水中為止再燉煮。

2 等豬腳煮至柔軟後取出並去骨。

3 撒上鹽巴與胡椒並塞在四角形的容器中放入冷藏庫使其冷卻變堅硬。

4 將冷卻後變堅硬的豬腳切成一個一個 1cm 的立方體，然後與豬絞肉、洋蔥碎末、鹽巴、胡椒、肉豆蔻仔細的混合，製作出炸肉餅的餡料。

5 將低筋麵粉撒在餡料上然後沾上蛋液，再將切成塊狀的吐司貼在表面上。

6 將較多量的油倒入平底鍋中預熱後，將第⑤步驟的炸肉餅放入鍋內煎。並用湯匙不斷勺起油並淋上去煎的方式確保全體受熱。

＊番茄醬汁

**材料（容易製作的份量）**

大蒜…5g
洋蔥…60g
去皮番茄…200g
百里香…1 枝
月桂葉…1 片
橄欖油…適量

### 製作方法

1 將橄欖油倒入平底鍋中預熱後，放入大蒜碎末翻炒。大蒜的香氣出來後放入洋蔥碎末繼續翻炒。

2 加入去皮番茄、百里香、月桂葉煮約 10 分鐘，再用鹽巴與胡椒調整味道。

3 將百里香、月桂葉取出後，將醬汁放入攪拌機讓其攪拌得更滑順。

使用吐司的麵包料理

## 南法風卡布里沙拉

將番茄、莫札瑞拉起司、羅勒所組合而成的卡布里沙拉與麵包做搭配，並加上橄欖油製成南法風的料理。將吐司脫模製成圓形後用橄欖油煎到酥脆的口感。並將迷你番茄與橄欖油做結合，莫札瑞拉起司為了做為餡料也處理成圓形。羅勒則會製成一種名為 Pistou 的青醬，並擁有統合這整道料理的重要地位。

# 南法風卡布里沙拉

## 麵包

吐司

## 餐點組成

吐司（用平底鍋煎過）＊
迷你番茄
油橄欖（黑色或綠色）
莫札瑞拉起司
松子
青醬（Pistou）＊

**製作方法**

1　將煎過的吐司和番茄、起司、松子、油橄欖、青
　　醬（Pistou）放入調理盆中混合，在以鹽巴和胡
　　椒調味後裝盤。

---

＊酥脆吐司

**材料**

吐司（切成 10 片）…1 條
橄欖油…適量

**製作方法**

1　將吐司製成圓形。（和迷你番茄同等大小即可）

2　將吐司放到倒入橄欖油的平底鍋中，並用小火煎到酥脆。

＊青醬（Pistou）

**材料（方便製作的份量）**

羅勒…20g
橄欖油…50g

**製作方法**

1　將材料放入攪拌機中，將羅勒打成碎末狀。

---

使用吐司的麵包料理

# 炸雞　白醬燉雞肉

這道料理是將法式料理中的基本料理「Blanquette de Veau」（白醬燉小羊肉）應用於「Blanquette de Poulet」（白醬燉雞肉）。蓋在上方的麵包是選用吐司。先將吐司透過利用湯杓成型並放下鍋中油炸。「白醬燉雞肉」的雞肉、青菜、醬汁、麵包無論是分開吃還是一起吃都別有一番風味。雞肉選用帶骨雞肉，骨頭的部分會在麵包之間躍然而出。用麵包包覆著，依然可以讓人感受到這道麵包料理中的法式精神。

## 炸雞　白醬燉雞肉

### 麵包

吐司（使用炸過後的）＊

### 餐點組成

炸麵包
白醬燉雞肉（Blanquette de Poulet）＊

### 製作方法

1 用容器裝起白醬燉雞肉。

2 蓋上用湯勺呈現巨蛋型的炸麵包。此時請讓骨頭
　的部分於麵包之間躍然而出。

---

＊炸麵包

### 材料

吐司
炸物油

### 製作方法

1 將吐司用湯杓夾住成型，並切成圓形。在吐司中央留下
　切痕，並保持被湯勺夾住的狀態放下去油炸。

### ＊白醬燉雞肉

### 材料

帶骨雞腿肉…1 副
洋蔥…1/2 顆
紅蘿蔔…1/2 條
法國香草束…1 束
白酒…150ml
水…1 ℓ
鹽巴…適量
奶油…100g
小麥粉…100g
鮮奶油…適量（第②步驟剩下的煮汁的 1.5 倍
　份量）

### 製作方法

1 將帶骨雞腿肉、洋蔥、紅蘿蔔、法國香草束、
　白酒、水一起燉煮約 1 小時。

2 將帶骨雞腿肉和蔬菜取出並過濾。

3 將奶油（無鹽）融化，加入小麥粉混合，做成
　焦化奶油（Beurre manié）。

4 將焦化奶油加入第②步驟的半成品當中，加熱
　至黏稠狀為止。再加上鮮奶油。

5 最後將第④步驟的醬汁淋在帶骨雞腿肉和蔬菜
　上。

使用吐司的麵包料理

無論醬汁還是麵包都是走佐安達盧西亞（西班牙）風。在麵包方面使用採用番
茄醬取代水烘焙而成的橘色吐司。內餡的部分則是選用帆立貝和白肉魚的慕
斯，並淋上安達盧西亞醬後用吐司夾起。安達盧西亞醬是用番茄醬、李派林伍
斯特醬和鮮奶油、美乃滋等製作而成的醬汁，非常適合用在甲殼類和魚貝類料
理上。蓬鬆的吐司和滑嫩的慕斯搭配起來，從內而外的口感都是絕配。

# 帆立貝和白肉魚的慕斯三明治 佐安達盧西亞醬

## 麵包

吐司（加番茄醬烘焙而成的橘色吐司）

## 餐點組成

吐司
帆立貝和白肉魚的慕斯＊
安達盧西亞醬＊

---

＊帆立貝和白肉魚的慕斯

材料（方便製作的份量）

帆立貝柱…300g
白肉魚…200g
蛋白…1 顆份
鮮奶油…400ml
鹽巴…適量
卡宴辣椒…適量

製作方法

1 將帆立貝柱和白肉魚以果汁機混合，並加入打發後的鮮奶油和蛋白混合均勻，加入卡宴辣椒調味。

2 將第①步驟的半成品放入模具中，並隔水放入 100℃的烤箱中加熱 30 分鐘。

＊安達盧西亞醬

材料

番茄醬…3
李派林伍斯特醬…1
美乃滋…3
香緹鮮奶油（crème fouettée）…1
煉乳…1
柑曼怡…1
※ 數字為混合的比例

使用吐司的麵包料理

和紅酒的搭配性極佳。將烤過的牛肉用麵包夾起。雖然普通的烤牛肉三明治和紅酒搭配性也很好，但只要稍微多下一點功夫即可讓這道麵包料理更上一層樓。那就是將吐司的部分單面浸泡蛋液並搭配奶油去烤，並將麵包塗上貝夏媚醬，搭配上用馬德拉酒熬煮而成的佩里格醬汁。最後灑上松露的碎末並搭配上紅酒刺激食慾即大功告成。

**烤牛肉庫克太太三明治**

## 烤牛肉庫克太太三明治

### 麵包

吐司（8 片）

### 餐點組成

蛋液＊浸泡後烤過的吐司
烤牛肉＊
貝夏媚醬＊
佩里格醬汁＊
松露碎末
芝麻菜

#### 製作方法

1 將吐司的邊邊切下後，用對角線的方式對半切開
吐司。

2 將吐司單面浸泡蛋液，並在該面塗上奶油後拿去
煎烤。

3 在沒有煎烤的那面塗上貝夏媚醬，並夾上薄切的
烤牛肉。

4 在盤子中放入佩里格醬汁，並將第③步驟的半成
品對半切開後裝盤。

5 撒上適量的松露碎末，並用芝麻菜做最後裝飾。

＊蛋液

#### 材料

蛋…1 顆
牛奶…50g
鹽巴…少許
1 將材料完整攪拌。

＊烤牛肉

#### 製作方法

1 將嫩煎牛里肌肉（200g 左右）用平底鍋煎出焦色，之後
將肉移到烤箱中依照喜好加熱。

2 以放入烤箱的時間為基準，讓其置於溫暖的地方讓它休
息一下後再切成薄片。

＊貝夏媚醬

#### 材料（容易製作的份量）

牛奶…500g
低筋麵粉…50g
奶油（無鹽）…50g
鹽巴…適量
胡椒…適量

#### 製作方法

1 用鍋子將奶油加熱，之後放入低筋麵粉翻炒到沒有粉末
殘留為止。

2 加入溫牛奶並好好混合均勻使其變得滑順。

3 用鹽巴與胡椒進行調味。

＊佩里格醬汁

#### 材料（方便製作的份量）

松露…30g
馬德拉酒…100ml
法式小牛高湯（fond de veau）…400ml
奶油（無鹽）…30g
鹽…適量
胡椒…適量

#### 製作方法

1 將馬德拉酒倒入鍋中加熱，煮到剩下十分之一份量為止。

2 加入法式原汁，煮到剩下一半份量為止。

3 加入奶油後混合均勻，最後用鹽巴和胡椒進行調味。

用心型模具製成的烤吐司，造成視覺上的震撼。紅酒煮牛臉頰肉理所當然是一道和麵包非常搭的料理，但考慮到要和紅酒一同享用，多搭配上了馬鈴薯泥。用紅酒燉煮的料理方法味道強烈，很容易讓味覺上變得單調，如果搭配上馬鈴薯泥就可以讓味覺出現變化，也可以讓料理與麵包一同享用的價值提升。將吐司先烤過後在一部分塗上奶油，並在該處撒上荷蘭芹碎末作為裝飾並讓料理的味道上更有深度。

## 紅酒煮牛臉頰肉

# 紅酒煮牛臉頰肉

### 麵包

吐司（烤過後用心型模具製成心型外觀，在上邊塗上奶油，並在該處撒上荷蘭芹碎末）

### 餐點組成

烤吐司
紅酒煮牛臉頰肉＊
馬鈴薯泥＊

### 製作方法

1　用盤子等容器將紅酒煮牛臉頰肉和馬鈴薯泥裝盤。

2　將烤過的心型吐司的上邊塗上奶油，並在該處撒上荷蘭芹碎末。並將心型吐司立起一起裝盤。

---

＊紅酒煮牛臉頰肉

#### 材料（容易做的份量）

牛臉頰肉…2kg
洋蔥…2 顆
紅蘿蔔…1 條
西洋芹菜…1 條
大蒜…1 顆
紅酒…2 ℓ
法式小牛高湯（fond de veau）…500g
番茄糊…20g
低筋麵粉…適量
百里香…適量
月桂葉…適量
鹽巴…適量
胡椒…適量
橄欖油…適量

### 製作方法

1　將牛臉頰肉與切細的洋蔥、紅蘿蔔、西洋芹菜、大蒜用紅酒醃泡一個晚上。

2　醃泡完成後，將牛臉頰肉、青菜、醃泡液三個各別分開，將青菜的部分用平底鍋加入橄欖油高溫快炒。

3　將醃泡完成後的牛臉頰肉撒上鹽巴、胡椒和低筋麵粉後用平底鍋加入橄欖油高溫快炒。等炒出焦色後與第②步驟的青菜合併。

4　將第②步驟的醃泡液與第③步驟的半成品、番茄糊、法式小牛高湯、百里香、月桂葉一起燜煮約 6 個小時。

5　將煮熟的牛臉頰肉取出。並將煮剩的湯汁過濾後用鹽巴與胡椒調味。

6　將牛臉頰肉放回過濾後的湯汁中，放進冷藏庫中一個晚上。

7　依照實用的份量加熱並裝盤。

＊馬鈴薯泥

#### 材料（容易製作的份量）

五月皇后馬鈴薯…500g
奶油（無鹽）…30g
鮮奶油…50g
牛奶…50g
鹽巴…適量
胡椒…適量

### 製作方法

1　將五月皇后馬鈴薯水煮過後剝皮後將其用篩子過篩。

2　將奶油、牛奶、鮮奶油放入鍋中加熱直到沸騰為止。

3　將第①步驟與第②步驟的半成品混合，並用鹽巴與胡椒調味。

# 炸肉餅三明治

在法國料理當中，有一種叫做炸馬鈴薯球的配菜料理。這種料理使用馬鈴薯、純汁濃湯（Purée）、花結酥皮（pâte à choux）混合後拿去油炸而成，如果加上烤雞肉或紅酒煮牛肉等肉類，滑順的麵糊搭配上肉類料理的醬汁將可使味覺上相輔相成。在此將這種炸馬鈴薯球也可以混入洋蔥、絞肉做成可樂餅風格的料理。麵包的部分使用吐司，醬汁的部分則混合了美乃滋、番茄醬和中濃醬汁，融合了各種讓人懷念的好味道。成為了這道炸肉餅三明治的基底，彷彿即將融化般軟嫩

# 炸肉餅三明治

---

### 麵包

吐司

---

### 餐點組成

吐司
炸馬鈴薯球＊
美乃滋
中濃醬汁＋番茄醬
波士頓萵苣

**製作方法**

1 將吐司用比炸馬鈴薯球稍大一些的圓型模具製成
　圓形吐司。

2 將炸馬鈴薯球與波士頓萵苣用吐司夾起，並淋上
　中濃醬汁、美乃滋醬汁。

---

＊炸馬鈴薯球

**材料**

馬鈴薯⋯1 大顆
絞肉（牛豬混合）⋯200g
洋蔥⋯1/2 顆
鹽巴⋯少許
胡椒⋯少許
花結酥皮⋯適量（約為馬鈴薯、絞肉和洋蔥一起炒過的半
　成品的 1/3 重量）
低筋麵粉⋯適量
蛋液⋯適量
麵包粉⋯適量
炸物用油⋯適量

**製作方法**

1 首先來製作馬鈴薯糊。先將馬鈴薯水煮過後去皮壓碎。

2 將絞肉和切成碎末的洋蔥一起炒，撒上鹽巴和胡椒調味。

3 將馬鈴薯糊與花結酥皮混合做成麵糊。並加入第②步驟
　的半成品混合。

4 將第③步驟的半成品揉成一顆一顆 120g 的丸子，塗上
　薄薄一層低筋麵粉並沾上蛋液後，再塗上一層麵包粉。
　之後每個用 180℃的油鍋油炸 6 分鐘。

使用吐司的麵包料理

# 油封雞內臟 佐義大利香醋醬

將雞肝、雞心、雞胗油封並佐上義大利香醋醬。油封的部分，則是使用鵝的油脂來進行油封的工程並端上桌。當然，這已經是一道適合搭配紅酒一同享用的料理了，但在此處還要搭配上吐司。因此使用了星型、愛心型、菱形的烤吐司來裝飾，讓第一眼給人的印象下足了工夫。烤吐司不僅可以沾義大利香醋醬享用，也可以作為主菜之間轉換口味的小配菜，擁有各種品

# 油封雞內臟 佐義大利香醋醬

---

## 麵包

吐司

## 餐點組成

吐司
油封雞內臟（雞肝、雞心、雞胗）＊
義大利香醋醬＊
大蒜（碎末）
荷蘭芹（碎末）

**製作方法**

1 將大蒜（3g）用沙拉油（適量）加熱，到香味出
來後就可以將油封雞內臟加入翻炒。最後撒上切
成碎末的荷蘭芹。

2 將義大利香醋醬淋上，在周圍擺上脫模成型的吐
司

---

＊油封雞內臟

**材料（容易製作的份量）**

雞肝…200g
雞心…200g
雞胗…200g
鹽巴…6g
胡椒…2g
鵝油脂…600g
大蒜…1 顆
百里香…適量

**製作方法**

1 將雞肝、雞心、雞胗切成方便入口的大小，撒上鹽醃泡
4 個小時左右。

2 將鵝油放入鍋內，將醃泡過的雞內臟、大蒜、百里香放
入保持溫度在 65～70℃的狀態下煮 7 個小時。

＊義大利香醋醬

**材料（容易製作的份量）**

義大利香醋…200g

**製作方法**

1 將義大利香醋放進鍋內加熱，煮乾至剩下 4 分之 1 份量
為止。

使用吐司的麵包料理

使用了兩種鮪魚食材製成。第一種是常見的鮪魚罐頭混合美乃滋製成的鮪魚沙拉。另一種是醃泡過的鮪魚背肉。雖說可以將醃泡過鮪魚肉和鮪魚卷一同食用，但為了可以讓其單獨食用還是進行了調味和擺盤。醃泡過鮪魚肉不容易變色是一大特徵，只有鮪魚卷的話就會是一道缺乏色彩的麵包料理，但只要加上了醃泡過的鮪魚背肉和波士頓萵苣，即可營造出豐富的色彩。將鮪魚醬用吐司捲起做成細長的鮪魚卷，但只要將吐司換成黑糖吐司的話給人的印象也會整個不一樣唷。

## 鮪魚三明治卷

## 鮪魚三明治卷

### 麵包

吐司

### 餐點組成

吐司
鮪魚醬＊
醃泡鮪魚＊
波士頓萵苣

**製作方法**

1 將切邊後的吐司塗上鮪魚醬。

2 將吐司捲起後分段切開。

3 將醃泡鮪魚和波士頓萵苣夾在吐司間，用立體的
　方式裝盤。

＊鮪魚醬
**材料（容易製作的份量）**
鮪魚（油漬鮪魚）…100g
美乃滋…30g
鹽巴…少許
胡椒…少許

**製作方法**

1 將美乃滋、鹽巴、胡椒加入鮪魚當中混合。

＊醃泡鮪魚
**材料（容易製作的份量）**
鮪魚生魚片…1 大塊
鹽巴…適量（鮪魚重量的 1%）
砂糖…適量（鮪魚重量的 0.4%）

**製作方法**

1 趁鮪魚依然堅硬的時候均勻撒上鹽巴和胡椒，醃泡約半
　天。

2 將其薄切。

使用吐司的麵包料理

對於法國人來說，這道馬鈴薯牛肉被稱為相當於是母親的味道般的國民家常料理。雖說是添加麵包來品嘗的料理，但在此使用了吐司堆疊而成的方式來做成麵包料理。在碗中吐司、肉醬、馬鈴薯泥交互堆疊變成巨蛋般的外觀，看過去的第一印象讓人感覺挺有趣的。雖說冷掉也是可以享用，但馬鈴薯牛肉本身便是一道趁熱享用的料理，因此推薦提供熱肉醬與熱馬鈴薯。

## 馬鈴薯牛肉（Hachis parmentier）

# 馬鈴薯牛肉

## 麵包

吐司（切成 8 片）

## 餐點組成

吐司
肉醬 *
馬鈴薯泥 *

### 製作方法

1 準備好可以當作模具使用的碗。因為要將烤吐司當成蓋子的關係，碗請選用直徑比吐司邊還小一點的尺寸。

2 將兩片吐司烤過後，一片切成圓形當作碗蓋。另一片則切成比上一片小兩圈的圓形尺寸。

3 將保鮮膜鋪在碗中，放入小片的吐司，之後放上肉醬並鋪平。

4 在鋪平的肉醬上放上馬鈴薯泥並鋪平，將另一片較大的吐司當作蓋子，反轉碗將馬鈴薯牛肉取出，並拆下保鮮膜切成兩半。

＊肉醬

**材料（容易製作的份量）**

牛絞肉…300g
洋蔥（碎末）…150g
大蒜（碎末）…10g
百里香…適量
月桂葉…適量
番茄…150g
紅酒…100g
橄欖油…適量
鹽巴…適量
胡椒…適量

**製作方法**

1 將橄欖油放入鍋中加熱，之後放入大蒜翻炒。炒到香味散出後再加入洋蔥翻炒。

2 將牛絞肉加入鍋中仔細翻炒。

3 將牛絞肉炒熟後，將切塊番茄、百里香、月桂葉、紅酒加入鍋中燉煮。

4 主要水份消失後，撒上鹽巴和胡椒做調味。

＊馬鈴薯泥

**材料（容易製作的份量）**

五月皇后馬鈴薯…500g
奶油（無鹽）…30g
鮮奶油…50g
牛奶…50g
鹽巴…適量
胡椒…適量

**製作方法**

1 將五月皇后馬鈴薯水煮過後剝皮後將其用篩子過篩。

2 將奶油、牛奶、鮮奶油放入鍋中加熱直到沸騰為止。

3 將第①步驟與第②步驟的半成品混合，並用鹽巴與胡椒調味。

使用吐司的麵包料理

# 巴斯克風雞蛋燉鍋燒

將法國和西班牙的國境處的巴斯克地區的風味炒煮蔬菜打進顆蛋後放進烤箱製成。並且供應烤吐司當成法式燉鍋的蓋子。然後將紅甜椒粉撒在烤吐司上用噴槍烤製成巴斯克風料理。在把烤過的蛋放上或是把炒煮蔬菜放上享用時,選用搭配性良好的烤吐司。

## 巴斯克風雞蛋燉鍋燒

麵包

吐司（巴斯克風烤吐司）

### 餐點組成

巴斯克風烤吐司＊
炒煮蔬菜＊
雞蛋

**製作方法**

1 將炒煮蔬菜放入法式燉鍋中，打上一顆蛋。並在蛋上灑上鹽巴和胡椒。

2 放入 180℃的烤箱當中約 30 分鐘，加熱到蛋的表面熟了為止。

3 為了將吐司做成法式燉鍋的蓋子切成大小合適的圓形，並製成巴斯克風烤吐司。

＊巴斯克風烤吐司

**材料**

吐司…1 片
蛋黃…適量
紅甜椒粉…適量

**製作方法**

1 將蛋黃塗在切成圓形的吐司上。

2 撒上紅甜椒粉，用噴槍製成烤吐司。

＊炒煮蔬菜

**材料（容易製作的份量）**

洋蔥（對半切後切成片狀）…1 顆
甜椒（紅或黃）（對半切後切成片狀）…各 1 顆
西葫蘆（切成半月狀）…1 條
茄子（切成半月狀）…1 條
紅甜椒粉…適量
番茄（切成塊狀）…500g
卡宴辣椒…適量
橄欖油…適量
鹽巴…適量
胡椒…適量

**製作方法**

1 先準備好深鍋與平底鍋。在平底鍋中加入橄欖油加熱，之後放入洋蔥、鹽巴、胡椒翻炒。在仔細炒過後將其移至深鍋內。

2 將甜椒放入平底鍋內用同樣的方式翻炒，在仔細炒過後將其移至第①步驟的深鍋內。之後繼續翻炒西葫蘆並移至深鍋內，翻炒茄子並移至深鍋內。

3 在深鍋內放入番茄並煮約 30 分鐘。

4 在水份減少，燉煮完成後，用鹽巴、胡椒、卡宴辣椒等來進行調味。

本料理為南法代表性的一道法式料理。通常會使用乾燥鱈魚製成鱈魚泥，但這次將混入松葉蟹的蟹腳，製成更有層次和鮮甜味的一道料理。因為增添了層次，變得和烤吐司更佳搭配。在提供此餐點時也可以說句「想要續加麵包的話請跟我說一聲唷」，便可更加帶出麵包料理的魅力了吧。

## 松葉蟹鱈魚泥

# 松葉蟹鱈魚泥

## 麵包

吐司（烤過）

## 餐點組成

烤吐司
松葉蟹鱈魚泥 ＊

**製作方法**

1 在容器內放入松葉蟹鱈魚泥，並將烤吐司放上作
　為裝飾。並額外準備可以提供續加的烤吐司。

＊松葉蟹鱈魚泥
**材料（容易製作的份量）**
鱈魚（生的切片）⋯200g
鹽巴（生鱈魚用）⋯4g
松葉蟹（蟹腳）⋯100g
五月皇后馬鈴薯⋯300g
牛奶⋯400g
大蒜⋯3 瓣
鹽巴⋯適量
胡椒⋯適量

**製作方法**

1 將鹽巴撒到鱈魚上並用鹽巴醃漬約 1 個小時。

2 將五月皇后馬鈴薯水煮剝皮後將其用篩子過篩。

3 將用鹽巴醃漬後的鱈魚與牛奶和大蒜混合後加熱。

4 將松葉蟹的蟹腳與第③步驟的鱈魚混合，再與過篩後的
　五月皇后馬鈴薯混合均勻。在這邊可以用第③步驟剩下
　來的牛奶做濃度的調整。

5 用鹽巴、胡椒調味之後冷卻。

使用吐司的麵包料理

將所有蔬菜烤過之後用烤吐司夾起。雖然單純，但是可以完整地享受到燒烤的味道與濃濃的蔬菜香味的一道麵包料理。為了更凸顯蔬菜的存在，將吐司切成薄片並烤過，並將切成薄片的煙燻起司夾在其中。並使用綠油橄欖醬汁和橄欖醬組合而成的醬汁來更加引出蔬菜的風味。

**烤蔬菜三明治**

# 烤蔬菜三明治

## 麵包

吐司

## 餐點組成

吐司
洋蔥
南瓜
西葫蘆
紅蘿蔔
苦苣
番茄
煙燻起司
油橄欖醬汁（Olea Sauce）＊
橄欖醬（Tapenade）＊

### 製作方法

1 將蔬菜切成適當的大小拿去烤。將煙燻起司薄切後拿去烤。

2 將吐司薄切後拿去烤。

3 將橄欖醬塗在吐司上，並將蔬菜放在吐司上。最後淋上油橄欖醬汁。

＊油橄欖醬汁（Olea Sauce）

### 材料（容易製作的份量）

油橄欖醬…200g
頂級冷壓初榨橄欖油（Extra Virgin Oil Olive）…60g
鹽巴…少許
胡椒…少許

### 製作方法

1 將油橄欖醬加入頂級冷壓初榨橄欖油中使其混合在一起。（油橄欖醬與頂級冷壓初榨橄欖油的比例為 10：3，做成風味稍為濃厚的醬汁。）

2 灑上鹽巴和胡椒調味。

＊橄欖醬（Tapenade）

### 材料（容易製作的份量）

黑橄欖…200g
鯷魚（菲力）…2 片
金槍魚…1 ～ 2 大匙
橄欖油…適量（能讓全部材料都結合在一起的份量）

### 製作方法

1 將橄欖油緩緩加入其中，其它材料則使用食物調理機打成糊糊狀。

2 全部材料都結合在一起即完成。

使用吐司的麵包料理

# 法式吐司之庫克太太三明治

本料理將吐司浸泡於雞蛋、牛奶、鮮奶油當中，
並夾上火腿和起司，並用平底鍋煎熟兩面做成庫
克太太三明治。起司選用格呂耶爾起司，而火腿
則是用軟義大利香腸。為了將整體做成有層次的
料理，將炸過的雞蛋置於其上，此外也為了增添
蔬菜的口感，所以將波士頓萵苣也放上。因為熱
的會比較好吃，所以趁法式吐司和炸雞蛋剛完成
的時候組合起這道餐點趁熱享用吧。

## 法式吐司之庫克太太三明治

### 麵包

吐司

### 法式吐司之庫克太太三明治

**材料**

吐司…1 片
雞蛋…1 顆
牛奶…100ml
鮮奶油…100ml
鹽巴…少許
胡椒…少許
去骨火腿…1 片
格呂耶爾起司…20g
沙拉油…1 小匙
奶油（無鹽）…1 小匙
雞蛋（油炸用）…1 顆
波士頓萵苣…1 片

**製作方法**

1 將雞蛋、牛奶、鮮奶油、鹽巴、胡椒混合攪拌，
之後將吐司浸泡于其中。

2 將吸了蛋液的吐司以對角線的方式對半切開，夾
上火腿和起司。

3 將第②步驟的吐司用已放入沙拉油和奶油的平底
鍋將兩面煎熟。

4 煎到吐司染上焦色，並且其中的起司融化時將吐
司從平底鍋內取出。

5 放上裝飾用的炸雞蛋和波士頓萵苣。

在本道料理中為了搭配味道濃厚的肥肝，選用了蜂蜜與焦糖蘋果。而吐司塗上奶油只烤單面，讓其不要顯得太沉重的放於其上。加上了麵包後，可以選擇與蜂蜜一同享用或是與焦糖蘋果一同享用等多樣搭配食用的方式。或許也可以用兩片烤吐司，以做成三明治的方式來享用也不錯呢。

**蒸烤肥肝 搭配焦糖蘋果**

## 蒸烤肥肝　搭配焦糖蘋果

### 麵包

吐司

### 餐點組成

吐司（單面塗上奶油拿去烤）
蒸烤肥肝 ＊
焦糖蘋果 ＊
蜂蜜醬汁 ＊

**製作方法**

1 將蜂蜜醬汁淋在蒸烤肥肝上。

2 增添焦糖蘋果。

3 增添單面塗上奶油拿去烤的吐司。

＊蒸烤肥肝

**材料**

肥肝…100g
低筋麵粉…適量
沙拉油…適量

**製作方法**

1 將肥肝整體均勻沾上低筋麵粉。

2 用平底鍋將油先預熱後，將第①步驟的肥肝放入平底鍋
　中兩面煎。

＊焦糖蘋果

**材料**

蘋果…切成 8 塊中的 3 塊
蔗糖…5g
奶油（無鹽）…5g

**製作方法**

1 將蔗糖放入平底鍋中加熱，之後放入奶油和蘋果用強火
　加熱。

2 等蔗糖融化成焦糖狀時，將蘋果沾上焦糖化的蔗糖即完
　成。

＊蜂蜜醬汁

**材料（方便製作的份量）**

蜂蜜…50g
紅酒醋…100g
法式小牛高湯（fond de veau）…200g
鹽巴…適量
胡椒…適量

**製作方法**

1 將蜂蜜放入鍋中加熱使其焦糖化。

2 將紅酒醋一口氣全放入。

3 將法式原汁加入其中，煮乾至一半份量左右為止。

4 煮乾完成後加入鹽巴和胡椒調味。

使用吐司的麵包料理

# DE 派對骰子吐司

在骰子吐司中放入三明治。夾著的內餡全
部都是 DE 狀（骰子狀）。光是看內餡也
可以讓人會心一笑，是一道玩心滿滿的麵
包料理。麵包選用了添加較多奶油的豐富
吐司。為了搭配吐司，所使用的火腿是用
伊比利黑豬自行製作而成的火腿。將馬
鈴薯水煮過後壓扁後的「Ikaze」和切成
DE 狀（骰子狀）的紅蘿蔔、番茄、小黃
瓜、火腿做搭配當做夾起的內餡。醃小黃
瓜（CORNICHONS）也一樣切成 DE 狀
（骰子狀）。因為是派對型的料理，旁邊
可以點綴上五彩的蔬菜。

# DE 派對骰子吐司

## 麵包

吐司（使用添加較多奶油的吐司較佳）

## 麵包內的餡料

加入了用自製伊比利黑豬火腿的馬鈴薯 Ikaze ＊
小紅蘿蔔（Radish）

**製作方法**

1 用吐司夾起萵苣和馬鈴薯 Ikaze 。

2 用切成薄片的吐司做為外牆將第①步驟的半成品
　圍起來。

3 用美乃滋來裝飾吐司外側的骰子點數。最後再裝
　點上小紅蘿蔔。

---

＊加入了用自製伊比利黑豬火腿的馬鈴薯 Ikaze

**材料**
馬鈴薯…1 顆
紅蘿蔔…30g
番茄…30g
小黃瓜…30g
伊比利黑豬製的火腿…30g
醃小黃瓜…30g
美乃滋…100g

**製作方法**

1 將馬鈴薯剝皮後水煮過後用叉子輕輕壓碎。

2 紅蘿蔔切成小塊狀水煮。番茄、小黃瓜、火腿全部切成
　和紅蘿蔔塊差不多大小的小塊狀。醃小黃瓜也切成小塊
　狀。

3 將第①步驟和第②步驟的半成品混合，加上美乃滋使其
　結合。

使用吐司的麵包料理

# 法式奶油蝸牛

在滿滿的麵包丁上裝點上蝸牛，是一道麵包的存在感很高的料理。在蝸牛殼中裝著的是調味過的蝸牛與荷蘭芹奶油。麵包丁是由吐司抹奶油烤過後製成與蝸牛肉一同享用時的搭配性十分良好。是一道無論是一同享用或是各別享用都別有一番風味的麵包料理。

## 法式奶油蝸牛

### 麵包

吐司（切丁後塗上奶油拿去烤）

### 餐點組成

骰子吐司＊
奶油烤蝸牛＊
荷蘭芹奶油＊

### 製作方法

1 將蝸牛從殼中挑出並調味。

2 將第①步驟的蝸牛肉和荷蘭芹奶油放入蝸牛殼內，以 180℃的烤箱烘烤 3 分鐘左右。

3 將沾了奶油烤出來的骰子吐司鋪在盤子上，並將第②步驟的蝸牛裝點於上。

＊奶油烤蝸牛

**材料（容易製作的份量）**

蝸牛…300g
洋蔥（切成碎末狀）…100g
紅蘿蔔…50g
波特酒…200g
紅酒…200g
百里香…適量
月桂葉…適量
橄欖油…適量

**製作方法**

1 將橄欖油用平底鍋加熱，放入洋蔥與紅蘿蔔翻炒。

2 加入從蝸牛殼中挑出來的蝸牛肉，波特酒、紅酒、百里香、月桂葉等材料用小火加熱

3 煮到水份被完全煮乾為止即完成。

4 將煮熟的蝸牛肉和荷蘭芹奶油放入蝸牛殼內，以 180℃的烤箱烘烤 3 分鐘左右。

＊荷蘭芹奶油

**材料（容易製作的份量）**

奶油（無鹽）…60g
火蔥（切成碎末狀）…10g
大蒜（切成碎末狀）…5g
荷蘭芹（切成碎末狀）…15g
鹽巴…適量
胡椒…適量

**製作方法**

1 將大蒜、火蔥、荷蘭芹用食物調理機打成糊糊狀。

2 加入奶油後混合均勻，之後加入鹽巴和胡椒做調味。

＊骰子吐司

**材料（容易製作的份量）**

麵包…適量
奶油（無鹽）…適量

**製作方法**

1 將吐司去邊並且切成丁狀。

2 將奶油用平底鍋加熱，將吐司丁煎到染上漂亮焦色為止。

使用吐司的麵包料理

# 法式洋蔥麵包湯

在南法的家庭料理當中有一種將變硬的麵包放入湯中的料理。在提洛帝須也有一種將麵包製成像團子般圓球狀加入湯中食用的料理。無論是變硬的麵包還是剩下的麵包，世界各地都有再次利用的料理方式。這是一道料理使用了吐司，既單純，製作上也很簡便的料理。既是輕食也是一道暖洋洋的料理，沾著雞湯的麵包和白酒的搭配也是一絕。

## 法式洋蔥麵包湯

### 麵包

吐司

### 法式洋蔥麵包湯

**材料（容易製作的份量）**
吐司…200g
洋蔥（切成碎末狀）…200g
雞肉法式高湯（chicken Bouillon）…500g
大蒜（切成碎末狀）…3g
鹽巴…適量
胡椒…適量
橄欖油…適量
荷蘭芹（切成碎末狀）…適量

**製作方法**

1 將橄欖油放入鍋中預熱，然後放入大蒜炒至香味
　出來後加入洋蔥繼續翻炒。

2 加入雞肉法式高湯並煮熟後放入麵包。

3 煮到麵包變軟後，灑上鹽巴和胡椒調味並關火。

4 將湯盛入碗內後灑上荷蘭芹。

使用吐司的麵包料理

# 火腿熟肉抹醬三明治

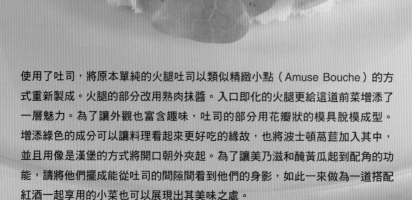

使用了吐司，將原本單純的火腿吐司以類似精緻小點（Amuse Bouche）的方式重新製成。火腿的部分改用熟肉抹醬。入口即化的火腿更給這道前菜增添了一層魅力。為了讓外觀也富含趣味，吐司的部分用花瓣狀的模具脫模成型。增添綠色的成分可以讓料理看起來更好吃的緣故，也將波士頓萵苣加入其中，並且用像是漢堡的方式將開口朝外夾起。為了讓美乃滋和醃黃瓜起到配角的功能，請將他們擺成能從吐司的間隙間看到他們的身影，如此一來做為一道搭配紅酒一起享用的小菜也可以展現出其美味之處。

# 火腿熟肉抹醬三明治

## 麵包

吐司

## 餐點組成

吐司
波士頓萵苣
火腿製熟肉抹醬＊
醃黃瓜
美乃滋

**製作方法**

1 吐司用花瓣狀的模具脫模成花瓣狀。

2 將波士頓萵苣、火腿製熟肉抹醬、醃黃瓜放在吐司上，擠上美乃滋後再蓋上一層吐司。

---

＊火腿製熟肉抹醬

**材料（容易製作的份量）**

里肌火腿…100g
純橄欖油…10g
鹽巴…少許（根據火腿的不同含有的鹽分也不同，請依照火腿的鹹度調整）
百里香…少許
胡椒…少許

**製作方法**

1 將所有材料放進食物調理機中打成糙糊狀，並搓成圓形用保鮮膜包起後冷藏。

---

使用吐司的麵包料理

# 樹梅風味的法式吐司

雖說法式吐司已被廣為使用在輕食、甜點當中，但為了與
氣泡酒做搭配，添加了梅果系的酸甜風味形成了一道特製
風味料理。增添的醬汁選用樹梅醬汁。如果將香草霜淇淋
放在熱騰騰的法式吐司上也可以當作一種醬汁來搭配品
味，因此也可以考慮提供霜淇淋放在法式吐司上來享用這
道料理唷。

# 樹梅風味的法式吐司

## 麵包

吐司

## 餐點組成

樹梅風味的法式吐司＊
糖粉
樹梅醬汁＊
香草霜淇淋
可可粉

### 製作方法

1 將樹梅醬汁倒到盤子上，將樹梅風味的法式吐司放於其上。

2 將糖粉灑在法式吐司上

3 將玻璃杯中的香草霜淇淋倒上吐司（適量），並將可可粉灑上（適量）。

＊樹梅風味的法式吐司

**材料**

吐司…1 片
樹梅果泥…50g
牛奶…50g
雞蛋…1 顆
砂糖（蔗糖）…10g
奶油（無鹽）…適量
糖粉…適量

**製作方法**

1 將牛奶、雞蛋、糖粉和樹梅果泥混合製成調味蛋液。

2 將對面切過的吐司放到蛋夜中浸泡。

3 將奶油放進平底鍋中加熱，將浸泡過蛋液的吐司下鍋兩面煎熟。

4 煎完後裝盤並灑上糖粉。

＊樹梅醬汁

**材料（容易製作的份量）**

樹梅果泥…100g
砂糖（蔗糖）…10g

**製作方法**

1 將樹梅果泥放入平底鍋中加熱，煮乾到剩下 2 成份量為止。

2 用砂糖調整口味。

使用吐司的麵包料理

本甜點由水果、吐司和鮮奶油組合而成。三明治的部分選擇了水果三明治並裝在玻璃杯中。在杯璃杯中將吐司與水果組合起來擺好位置，從夾起餡料的瞬間便富含大量水果，是一道可以和氣泡酒一同開心享用的麵包料理。鮮奶油的部分在打發後可營造出輕盈的口感。水果則以可和氣泡酒搭配的梅果系為主。如果使用當季的水果則可搖身一變成為讓人享受到季節感的麵包料理。

## 水果三明治 百匯風

## 水果三明治 百匯風

### 麵包

吐司

### 餐點組成

吐司
藍梅
樹梅果泥
草莓
鳳梨
桃子
芒果
蘋果
炸彈麵糊（Pâte Bombe）＊
糖粉
新鮮薄荷

**製作方法**

1 將去邊的吐司捲起放入玻璃杯中。

2 將水果們與炸彈麵糊塞到捲起的吐司中間。

3 灑上糖粉與薄荷作為裝飾。

---

＊炸彈麵糊

**材料（容易製作的份量）**

蛋黃⋯9 顆
糖漿⋯250g
鮮奶油⋯250g
柑曼怡⋯少許

**製作方法**

1 邊用鍋子幫蛋黃加熱，邊將加熱過後的糖漿加入其中混
合均勻。

2 將其放置並冷卻後，加入打發後的鮮奶油。最後加入柑
曼怡添加風味。

在麵包料理中使用上
很方便的美乃滋、
番茄醬等醬汁也是
一門學問！

## 美乃滋是萬能的基底醬料！

美乃滋原本就是一種法國醬料。除了時常使用在三明治上之外，也很常使用在讓麵包內的餡料緊密黏合在一起，在麵包料裡當中也是會讓各式的材料與調味料做搭配組合。舉例來說，如果加入番紅花的話就使用魚系的醬汁、選用咖哩粉與肉類做配合等。像是黑胡椒、醬油、七味粉等常見的調味料如果加上美乃滋的話也能變成一種醬料。將羅勒或甜椒、樹梅等各式多彩的蔬菜或果實製成泥狀與美乃滋混合也就能做出美麗的醬汁。在更進一步加入油封過的生薑再讓豬肉與菇類醬汁混合展現出秋天的季節感等方式，美乃滋做為基底醬料有著各式各樣的用法。使用美乃滋當作素材混入，不僅外觀漂亮，也可以起到如同糯米紙般的功用讓料理更加有親切感。

## 番茄醬做為提味的用途與調味料搭配使用

番茄醬如果單獨使用的話味道過於強烈，因此推薦與其它調味料做搭配使用。與香緹鮮奶油或美乃滋等在味覺上具有緩衝效果的材料結合並使用在麵包料理上也是個不錯的選擇。將美乃滋與番茄醬混合的話，就是常見的奧羅拉醬汁。若是在此多加入一些趣味或巧思，加入柳橙汁等材料，就開創出更多的發展性。此外，如果和馬鈴薯泥混合的話可以使濃度更加提升，既可以當成醬汁也可以當成裝飾配菜。因為富含深度的味道，做為提味的功能與馬鈴薯泥做搭配使用或許也是一個好選項。

# 使用法式長棍麵包、
# 法式鄉村麵包的
# 麵包料理

▶紅酒燉煮和、法式醬糜和、馬賽魚湯和…

▶鮭魚和、鴨肉和、豬里肌肉和…

▶疊上、脫模成型、夾起

將搭配性良好的醃泡鮭魚和酸奶油放在麵包上。麵包的部分依照不同風味有不同的個性,選用了含有葛縷子和黑麥的麵包,不過其實它與法式長棍麵包和貝果都很合。雖然是一道搭配酒類一同享受的麵包料理,但為了讓酸奶油和鮭魚都各自可以獨自被享用,放在麵包上的酸奶油的份量增多並且醃泡鮭魚也切得更大塊是一大要點。

## 醃泡鮭魚和酸奶油麵包片

## 醃泡鮭魚和酸奶油麵包片

### 麵包

含有葛縷子和黑麥的法式鄉村麵包

### 餐點組成

含有葛縷子和黑麥的法式鄉村麵包
醃泡鮭魚＊
酸奶油＊
續隨子
時蘿
粉紅胡椒

＊醃泡鮭魚
**材料（容易製作的份量）**
鮭魚⋯500g
鹽巴⋯7g
蔗糖⋯2g
胡椒粒⋯2g
**製作方法**
1 將鹽巴、蔗糖、胡椒粒混合將鮭魚醃泡 8 個小時

2 將醃泡完成的鮭魚用水洗乾淨後，擦拭掉水氣後放到冷
　藏庫去使其乾燥。

3 切片後裝盤。

＊酸奶油
**材料（容易製作的份量）**
酸奶油⋯100g
火蔥（切成碎末狀）⋯10g
牛奶⋯10g
鹽巴⋯適量
胡椒⋯適量
**製作方法**
1 將酸奶油、火蔥、牛奶混合均勻。

2 將鹽巴與胡椒加入調味。

使用法式長棍麵包、法式鄉村麵包的麵包料理

本料理將法式長棍麵包的切口抹上眾多契福瑞起司後放入烤箱烤過後來享用。以山羊奶為基底作成的契福瑞起司有一種獨特的味道，但若和大量百里香（僅葉片部分）一起拿去烤的話，口味上也會較為和緩。若是更進一步在最後撒上一些特級初榨橄欖油，香氣與口感將會變得更加有層次，與紅酒的搭配性也會變得更好。另外作為主菜間配菜的任生菜與苦苣也盛裝於盤上。

契福瑞起司麵包

# 契福瑞起司麵包片

---

麵包

法式長棍麵包

餐點組成

法式長棍麵包
契福瑞起司
百里香葉片
特級初榨橄欖油
任生菜
苦苣

**製作方法**

1 將切片後的法式長棍麵包抹上契福瑞起司（約
　 70g），再加上百里香葉片拿去香烤到契福瑞起
　 司融化為止。

2 烤完後撒上特級初榨橄欖油並擺上任生菜和苦
　 苣。

使用法式長棍麵包、法式鄉村麵包的麵包料理

## 伊比利亞豬熟肉抹醬

在厚切法式長棍麵包上塗上大量的伊比利亞豬
熟肉抹醬。熟肉抹醬本身與紅酒的搭配性非常
良好。將法式長棍麵包撕下，和熟肉抹醬一同
品味也別有一番樂趣，因此使用厚切的法式長
棍可以讓吃的人更有爽快感。為了不要讓吃的
人對於大量的熟肉抹醬感到膩了，可將醃菜
（Pickle）與醃小黃瓜（CORNICHONS）一
起裝點於盤中。

# 伊比利亞豬熟肉抹醬

## 麵包

法式長棍麵包

## 餐點組成

法式長棍麵包
伊比利亞豬熟肉抹醬＊
醃小黃瓜（CORNICHONS）
醃菜（Pickle）
芝麻菜

## 製作方法

1 將法式長棍麵包厚切，並在上面放上大量的伊比
利亞豬熟肉抹醬。

2 在上方使用芝麻菜做裝飾，並搭配上醃小黃瓜和
醃菜供應餐點。

＊伊比利亞豬熟肉抹醬

### 材料（容易製作的份量）

伊比利亞豬的五花肉…500g
鹽巴（醃泡用）…6g
洋蔥（切片）…70g
紅蘿蔔（切片）…35g
西洋芹（切片）…18g
大蒜（切片）…10g
百里香…適量
月桂葉…適量
白葡萄酒…70ml
水…400ml
鹽巴…適量
胡椒…適量
橄欖油…適量

### 製作方法

1 將鹽巴、洋蔥、紅蘿蔔、西洋芹、大蒜、百里香、月桂
葉混合後將豬五花肉放入並放進冷藏庫醃泡一天。

2 將豬五花肉與醃泡過的僅蔬菜的部分放到加入了橄欖油
的鍋中翻炒。

3 將醃泡過的豬五花肉切成小塊，加到第②步驟的鍋中翻
炒。

4 將白葡萄酒與水加入其中，加熱煮到肉變軟為止。

5 肉煮到變軟後將百里香與月桂葉從鍋中取出。

6 將肉、蔬菜、水份分開，僅將水份的部分加熱煮乾至約
剩下一半為止。

7 將肉與蔬菜放入食物調理機打成糊糊狀。

8 將第⑦步驟的半成品加入第⑥步驟的水份調整口味的柔
和度，之後加入鹽巴與胡椒調味。

9 將成品放入冷藏庫降溫。

# 法式鄉村麵包三明治 佐蛋黃奶油醬

本道料理使用了鄉村風味肉醬與法式鄉村麵包的組合而成。醬汁的部分使用鮮奶油和美乃滋製成的蛋黃奶油醬並加入了芥末籽醬。為了更顯繽紛度，將玉米筍、花椰菜、紅蘿蔔、紅洋蔥、醃菜等物以麵包為容器以立體的方式放入當中擺盤裝飾。鄉村風味肉醬也使用了細切豬肉、粗切豬肉、小塊切豬肉等三種類型，在口感上也是下足了功夫。如果放進絞肉機的話不管怎麼樣都會因為熱度而改變口感，所以豬頸肉、豬五花肉都要用菜刀敲打製成是一大重點。

## 法式鄉村麵包三明治 佐蛋黃奶油醬

麵包

法式鄉村麵包

餐點組成

法式鄉村麵包
鄉村風味肉醬（pâté de campagne）＊
玉米筍
花椰菜
紅蘿蔔
紅洋蔥
醃菜
紅葉萵苣
蛋黃奶油醬＊

**製作方法**

1 將法式鄉村麵包從下往上約 5 公分處橫向切開。
下半部的中間挖出空間。

2 將玉米筍、花椰菜、紅蘿蔔切成適當的大小加水
煮熟。紅洋蔥則切成薄片狀。

3 麵包中央挖空的部分，填入鄉村風味肉醬、玉米
筍、花椰菜、紅蘿蔔、紅洋蔥、醃菜、紅葉萵苣。
最後淋上醬汁。

＊鄉村風味肉醬（pâté de campagne）

**材料（容易製作的份量）**
豬肩肉…1200g
豬頸肉…600g
豬五花肉…600g
豬背脂…150g
雞白肝…200g
（關於肉品的比例若豬肩肉為 6，則豬頸肉 3、豬五花肉 3、
雞白肝 1）
波特酒…30ml
干邑白蘭地…20ml
月桂葉…1 片
鹽巴…15g

**製作方法**

1 將豬肉與雞肝沾上波特酒與干邑白蘭地，與月桂葉一起
放置一個晚上。

2 將豬肩肉的 1/3 切成小塊狀，剩下的放入絞肉機製成絞
肉。然後用菜刀的刀背大略敲平豬頸肉和豬五花肉。

3 將雞白肝煎過後放入食物調理機中打成糊糊狀。

4 將第②步驟與第③步驟的半成品混合，放入製作法式醬
糜（terrine）用的長方型陶製容器中。使用 95℃的烤箱
隔水加熱 65 分鐘。然後使用低溫加熱。

5 將重石放在長方型陶製容器上，等到餘熱散去後拿去冷
藏。

＊蛋黃奶油醬

**材料（容易製作的份量）**
香緹鮮奶油…100g
美乃滋…300g
芥末籽醬…15g
鹽巴…少許
胡椒…少許

**製作方法**

1 將鮮奶油打發成香緹鮮奶油，之後加入美乃滋和芥末籽
醬，最後加入鹽巴和胡椒調味。

這道料裡是將培根、麵包丁、水煮蛋（半熟）、生菜沙拉搭配組合而成的里昂風沙拉製成麵包料理。將法式長棍麵包切成和水煮蛋同樣大小後煎得酥脆，放上盤子後也能展現高度存在感。將麵包、蔬菜和義大利培根一同享用的話，會有種彷彿在吃著三明治般的口感。放入水煮過的馬鈴薯和紅蘿蔔，可增添這道餐點的份量，讓料理變成一道可以與人分享並開心享用的麵包料理。

# 里昂沙拉

# 里昂沙拉

good pairing

推薦酒品為
香檳

---

## 麵包

法式長棍麵包

---

## 里昂沙拉

**材料**
義大利培根…50g
水煮蛋（半熟）…1 顆
馬鈴薯…1 顆
紅蘿蔔…1/4 條
紅葉萵苣…1 片
生菜沙拉…1 片
任生菜…適量
紅葉菊苣…1 片
帕馬森起司…適量
鯷魚（菲力）…2 條
法式長棍麵包…適量
奶油（無鹽）…適量
油醋醬…適量
鹽巴…適量
胡椒…適量

**製作方法**

1 將義大利培根切成長方型柱狀後放入平底鍋炒至
   酥脆。

2 將馬鈴薯與紅蘿蔔去皮後水煮，切成方便食用的
   大小。

3 將水煮蛋切成四等份。

4 將法式長棍麵包切成和馬鈴薯同樣大小，將平底
   鍋用奶油加熱，用小火將麵包炒至酥脆為止。

5 將蔬菜切成方便食用的大小

6 將蔬菜、義大利培根、水煮蛋放入碗中，將鯷魚
   （切成碎末）和油醋醬、鹽巴、胡椒一起調味。

7 將成品裝盤後灑上帕馬森起司。

使用法式長棍麵包、法式鄉村麵包的麵包料理

焗烤馬鈴薯之法式長棍麵包三明治
佐獵人醬

製作方法在 72 頁 ▶

為了讓香氣濃厚的鴨骨與肉汁所製成的醬汁不被浪費，使用了馬鈴薯將醬汁鎖在其中。麵包的部分選用法式長棍麵包（加入黑麥）。馬鈴薯的部分則烹調成法國代表性的料理「法式焗烤起司馬鈴薯」。並將鴨胸肉炒過後製成了一種名為獵人醬的醬料（將鴨肉連骨烤過後與紅酒一同燉煮而成的醬汁）。再加入黑醋栗果醬製成。法式焗烤起司馬鈴薯則是先將馬鈴薯水煮過後，加入鮮奶油煮個簡短的１～２分鐘後淋上起司加熱而成。最後在灑上黑胡椒與蓋朗德的鹽巴，成為了一道味道豐富擁有抑揚頓挫的料理。

一口咬下，麵包就如同豬排般在唇齒之間留下酥脆的口感。在田園鄉村麵包的表面將布里歐修烤過後貼上，即可營造出這種口感。麵包的外表也仿造豬排的外衣製成，但一定要請讓烤過的布里歐修看起來不要油油的。本料理中炸豬排所使用的麵包粉是將布里歐修碾碎後的麵包粉。使用這種麵包粉炸成的料理也被稱為「夏布利」。雖然說麵包和炸法都是法國風，但還加上了在中濃醬汁中混上了芥末的芥末醬汁，營造出「洋食」的風情。

## 麵包粉豬排三明治

製作方法在 73 頁 ▶

## 麵包

法式長棍麵包（含黑麥）

## 餐點組成

法式長棍麵包
獵人醬（Grand Veneur）＊
炒鴨胸肉
法式焗烤起司馬鈴薯＊

## 製作方法

1 將法式長棍麵包橫切一半。

2 將鴨胸肉撒上鹽巴和胡椒後拌炒。

3 將起司淋上奶油馬鈴薯。

4 灑上黑胡椒與蓋朗德的鹽巴。

5 淋上獵人醬，用麵包將餡料夾起。

---

＊法式焗烤起司馬鈴薯

**材料（容易製作的份量）**
馬鈴薯…200g
鮮奶油…200ml
帕馬森起司…1 大匙
大蒜…少許
肉荳蔻…少許
鹽巴…適量

**製作方法**

1 將馬鈴薯剝皮後與鮮奶油、大蒜、肉荳蔻一起燉煮。用鹽巴做調味，馬鈴薯熟了後關火並將馬鈴薯取出。將剩下的醬汁繼續煮乾，並淋在馬鈴薯上。

2 淋上起司，放進烤箱中烤。

---

＊獵人醬（Grand Veneur）

**材料（容易製作的份量）**
鴨骨…1kg
調味蔬菜（Mirepoix）
　（洋蔥 40g、紅蘿蔔 40g、西洋芹 15g、
　大蒜 2 瓣）
紅酒…60ml
紅酒醋…70ml
鴨的法式原汁…600ml
黑醋栗果醬…30g
肥肝醬…1 大匙
肝醬…1 大匙
鹽巴…適量
胡椒…適量
奶油…20g

**製作方法**

1 將鴨骨和調味蔬菜炒過。

2 加入紅酒、紅酒醋、鴨的法式原汁下去燉煮，煮乾直到剩下 300ml 為止。

3 加入黑醋栗果醬、肥肝醬、肝醬，之後再加上胡椒和奶油。

---

麵包

田園鄉村麵包
布里歐修

---

餐點組成

田園鄉村麵包
布里歐修
豬排
高麗菜
芥末中濃醬汁

**製作方法**

1 將布里歐修切成四方形小塊狀,沾上蛋液後黏在田園鄉村麵包上。

2 將田園鄉村麵包對半橫切。

3 接下來製作炸豬排的部分。將豬里肌肉撒上鹽巴與胡椒,並均勻沾上將里歐修碾碎後形成的麵包粉。最後放入180℃的油鍋中炸約4分鐘。

4 將高麗菜細切成絲,並夾在田園鄉村麵包當中,最後淋上在中濃醬汁中混上了芥末的芥末中濃醬汁。

使用法式長棍麵包、法式鄉村麵包的麵包料理

# 紅酒燉牛肉漢堡
## 佐紅酒醬汁

製作方法在 78 頁 ▶

使用了法國代表性的紅酒醬汁所製成。麵包的部分選用法式長棍麵包的麵團，放入法國砂鍋中烘烤而成。將麵包從上面算下來約 1/3 的地方橫切，將中心挖空，並將紅酒燉牛肉填入其中。身為容器的麵包與紅酒燉牛肉非常對味，想必一定會讓吃的人想要不斷地續麵包吧。本料理的一大重點是，因為紅酒燉牛肉要與麵包一同享用，所以濃度的調整上比平常濃，味道上也比平常更重一些。

# 馬鈴薯舒芙蕾的法式長棍麵包三明治

製作方法在 79 頁

本道料理基底是常見的馬鈴薯法式長棍麵包三明治再進行變化的料理。將馬鈴薯的部分改為膨脹的舒芙蕾，並在外觀和口感上下功夫。此外，在馬鈴薯泥中混入羅克福起司和法式長棍麵包也是搭配性極佳。羅克福起司帶有充足的鹹度，因此馬鈴薯不需要再多做調味是一大重點。馬鈴薯片由馬鈴薯切片撒上鹽巴和胡椒調味，用高溫油炸製作而成。由親手製成更添料理的精緻感。雞胸肉用低溫烘烤而成，不要讓肉被烤到乾掉是此處的一大重點。

good pairing

推薦酒品為
濃醇的紅酒

## 麵包

用法式長棍麵包的麵團，放入法國砂鍋中烘烤而成

## 餐點組成

法式長棍麵包
炒紅蘿蔔或西葫蘆
培根
紅酒燉牛肉 *

### 製作方法

1 使用法國砂鍋烘烤麵包，並將突出鍋外的部分切掉。

2 將麵包的中心挖空。

3 將紅酒燉牛肉倒入其中，並將第①步驟切掉的麵包當成蓋子。

4 將糖蜜紅蘿蔔或西葫蘆或迷你蘿蔔炒過後，放上烤過的培根裝飾。

### * 紅酒燉牛肉

**材料（容易製作的份量）**
牛肩肉…1kg
紅酒…300ml
紅蘿蔔…1 條
西洋芹…1 條
洋蔥…1 顆
法式高湯…1 ℓ
番茄（煮熟）…1 顆
培根…100g
大蒜…1/4 顆
月桂葉…1 片
百里香…適量
丁香…1 顆
橄欖油…適量
小麥粉…適量
鹽巴…適量
黑胡椒…5 顆

### 製作方法

1 將紅蘿蔔、西洋芹、洋蔥切成適當的大小。將牛肩肉、大蒜、月桂葉、百里香、丁香一起放入，然後將紅酒加入直到材料微微露出水面為止。之後將其醃泡一個晚上。

2 將牛肩肉、蔬菜取出，個別加入橄欖油炒過。肉則是灑上小麥粉後炒過。在蔬菜的時候加入番茄（切成小塊狀）一同翻炒。

3 將炒過的牛肩肉和蔬菜類一起放到鍋中，並加入剩下的醃泡液煮乾。煮乾後加入法式高湯繼續煮。將牛肉取出，並將剩下的醬汁過篩。

4 將醬汁淋上灑上鹽巴和胡椒調味過的牛肩肉。

## 馬鈴薯舒芙蕾的法式長棍麵包三明治　76 頁

### 麵包

法式長棍麵包

### 餐點組成

法式長棍麵包
馬鈴薯泥＊
馬鈴薯舒芙蕾＊
雞肉羅提＊
紅葉萵苣
洋芋片＊

**製作方法**

1 將法式長棍麵包橫切出一道口，將紅葉萵苣夾、
雞肉羅提、馬鈴薯泥夾在其中。

2 將馬鈴薯舒芙蕾和網狀的洋芋片插上。

＊馬鈴薯泥

**材料**

馬鈴薯
羅克福起司（馬鈴薯份量的比例為 10 的話，起司的份量為
4）
鹽巴…適量
胡椒…適量

**製作方法**

1 將馬鈴薯水煮過後去皮。

2 將馬鈴薯壓碎，並等餘熱散去之後，將羅克福起司混入
其中。灑上鹽巴和胡椒調味。

＊馬鈴薯舒芙蕾

**材料**

馬鈴薯…適量
沙拉油…適量
鹽巴…適量

**製作方法**

1 將馬鈴薯切成薄片後低溫油炸。

2 將馬鈴薯迅速切換至高溫油炸，使其澎起。最後灑上些
許的鹽巴。

＊雞肉羅提

**材料**

雞胸肉…1 副
鹽巴…適量（份量約為雞胸肉重量的 1%）
胡椒…少許
沙拉油…適量

**製作方法**

1 將雞胸肉切成方便食用的大小。用鹽巴和胡椒預先調味。

2 放進平底鍋用弱火煎到略有焦色為止，將其切成小塊狀。

＊洋芋片

**材料**

馬鈴薯…1 顆
鹽巴…適量
沙拉油…適量

**製作方法**

1 用格子鬆餅裁切器將馬鈴薯切成網狀，並用胡椒預先調
味。

2 高溫油炸。

使用法式長棍麵包、法式鄉村麵包的麵包料理

本料理是比利時的著名料理白酒蒸淡菜。乍看之下，似乎不像是一道以麵包為主的料理，但只要一吃便會發現這道料理的主角確實是麵包。法式長棍麵包塗上了大蒜抹醬後拿去烤，再灑上荷蘭芹。法式長棍麵包的部分因為飽含了白酒蒸淡菜的精華湯汁，一吃就會讓人停不下來。也理所當然和葡萄酒搭配性極佳。

# 白酒蒸淡菜

# 白酒蒸淡菜

---

## 麵包

法式長棍麵包

## 餐點組成

白酒蒸淡菜＊
法式長棍麵包（大蒜法式長棍麵包）＊

---

＊白酒蒸淡菜

**材料（容易製作的份量）**

淡菜（附殼）…2kg
洋蔥（細切）…200g
大蒜（切成碎末狀）…2 瓣
白酒…150g
橄欖油…適量

**製作方法**

1 將淡菜拔毛過後洗乾淨。洗完後去除多餘的水份。

2 將油先預熱後將大蒜放入鍋中炒，直到香氣溢出後加入
　洋蔥輕微翻炒。

3 將淡菜放入，倒入白酒蓋上鍋蓋蒸煮。

4 等淡菜殼開了後取出，並將蒸煮後湯汁過篩。

5 將湯汁與淡菜裝盤。

＊大蒜法式長棍麵包

**材料（容易製作的份量）**

法式長棍麵包…適量
奶油（無鹽）…200g
大蒜（切成碎末狀）…10g
西洋芹（切成碎末狀）…適量

**製作方法**

1 首先製作大蒜奶油。將奶油融化後加到大蒜中加熱。

2 加熱直到大蒜的顏色呈現淡褐色。

3 大蒜的顏色呈現淡褐色後，塗到法式長棍麵包上拿去烤
　箱烤。

4 將西洋芹灑在麵包上。

---

使用法式長棍麵包、法式鄉村麵包的麵包料理

將比麵包還大的油封雞腿豪爽的直接放上。雖然用三明治的吃法或許不太方便食用，但因為是要搭配葡萄酒的料理，先用麵包隱藏內部的餡料，在讓吃的人瞬間將餡料映入眼簾也是一種趣味。因為是直接將一整隻的油封雞腿擺上，不論麵包的部分還是油封雞腿的部分都可以塗上芥末籽醬，能增進料理的平衡性。法式長棍麵包的部分考量到與油封的搭配性，選用了含有黑麥的麵包。

**油封雞腿三明治**

# 油封雞腿三明治

## 麵包

法式長棍麵包（含黑麥）

## 餐點組成

法式長棍麵包（含黑麥）
油封雞腿＊
芥末籽醬
萵苣

**製作方法**

1 將法式長棍麵包先對面切過後再橫切一次。

2 將擺在下方的麵包的切口處塗上芥末籽醬。將油封雞腿的帶皮側用平底鍋煎過後擺在塗了芥末籽醬的麵包上。

3 將油封雞腿塗上芥末籽醬，放上萵苣後用法式長棍麵包夾起。

---

＊油封雞腿

**材料（容易製作的份量）**

雞腿肉⋯4 副
鹽巴⋯雞腿肉重量的 1.5% 份量
鵝脂⋯500~600g
大蒜⋯1 支
百里香⋯5~6 枝

**製作方法**

1 將雞腿肉用雞腿肉重量的 1.5% 份量的鹽巴醃泡 4 個小時。

2 將醃泡完成的雞腿肉與鵝脂、大蒜、百里香組合，並放入鍋具中以 65 ～ 70℃加熱 7 ～ 8 小時。

---

使用法式長棍麵包、法式鄉村麵包的麵包料理

# 馬賽魚湯

馬賽魚湯的主角是湯的部分，將塗上法式美乃滋的麵包浸泡於湯品後再進行食用也是一種醍醐味。為了讓料理在搭配麵包上更加方便食用，不選用鍋子而是選用較深的盤子裝盤。因為麵包和馬賽魚湯有著非常棒的搭配性，在 P120 也介紹了用摻有番紅花的麵包以三明治的方式夾起餡料的料理方式。

## 馬賽魚湯

### 麵包

法式長棍麵包

### 餐點組成

法式長棍麵包
馬賽魚湯＊
法式美乃滋＊

**製作方法**

1 將法式美乃滋塗在法式長棍麵包上，灑上甜椒粉。

2 將麵包與湯品一起供應。

---

＊馬賽魚湯

**材料（容易製作的份量）**
魚頭…4kg
洋蔥（薄切）…2 顆
西洋芹（薄切）…1 根
大蒜（薄切）…1 顆
番茄…3 顆
白酒…100ml
苦艾酒…100ml
百里香…5 枝
月桂葉…2 片
甜椒粉…適量
鱸魚（肉塊）…70g
淡菜…6 顆
帶頭蝦子…1 條
沙拉油…適量
鹽巴…適量
胡椒…適量
時蘿…適量

**製作方法**

1 將油倒入鍋中預熱，之後將大蒜、洋蔥、西洋芹放入鍋中炒。

2 接著放入魚頭繼續炒，要注意炒的時候不要讓魚頭的外觀崩壞，持續炒到魚頭不太出水為止。

3 等魚頭出水蒸發得差不多後，加入白酒和苦艾酒煮乾。

4 煮乾後放入切塊的番茄，並加水直到快要淹沒材料為止（水為材料清單外），最後放入百里香、月桂葉、甜椒粉後煮 40 ～ 50 分鐘。

5 煮完後過篩，加入鹽巴和胡椒後湯品即完成。

6 將鱸魚和蝦子灑上鹽巴和胡椒後用沙拉油拌炒。

7 將淡菜先清乾淨，再用白酒蒸煮。

8 將溫熱的湯品與第⑥步驟和第⑦步驟的半成品結合，最後用時蘿裝飾。

＊法式美乃滋

**材料（容易製作的份量）**
蛋黃…1 顆
馬鈴薯…50g
鹽巴…適量
胡椒…適量
大蒜（切成碎末狀）…10g
橄欖油…90g
番紅花粉…適量

**製作方法**

1 將馬鈴薯水煮，趁還熱的時候去皮過篩。

2 將蛋黃、過篩後的馬鈴薯、大蒜混合均勻。

3 將橄欖油分次倒入並混合，使其乳化。

4 將材料整體混合至緊密結合後，加入番紅花粉，灑上鹽巴和胡椒調味。（法式美乃滋請塗在麵包上，並灑上番紅花粉供應給享用者）

使用法式長棍麵包、法式鄉村麵包的麵包料理

# 關於和麵包料理絕配的醬汁

## 靈活運用經典醬料

在本書當中,使用了許多法國的基本經典醬料,以法式餐酒館的菜單為主介紹麵包料理。用在法式料理中常聽到的醬汁,搭配上三明治或漢堡來製成麵包料理,對於享用者來說見到料理的同時也會留下深刻的印象。

## 醬汁的濃度、鹽分、黏稠度也是至關重要

以三明治和漢堡為首,和麵包料理做搭配的醬汁都和平常料理的醬汁有所不同,口味上有些許的調整正是關鍵所在。為了要搭配麵包,如果當作是普通的料理使用相同的醬汁將很難感受到其滋味。為了與麵包一同享用時能讓醬汁留下印象,使醬汁更加濃郁、讓醬汁更加煮乾等方法是一定要的。也需要比平常加入更多鹽分。另一方面,為了使素材的味道能不受到濃郁的醬汁干擾,考慮兩者間的平衡性也是必要事項。

然後,如果要說到比較細節的部份,只要醬汁、內餡、麵包的組合方式不同的話,吃起來的印象也會不同。像是讓麵包飽含醬汁的擺盤方法與讓麵包不會飽含醬汁的擺盤方法味道給人的感覺就截然不同。因此對於麵包料理來說,到擺盤為止都需要考量到味覺上的平衡性,這也是非常重要的一點。

# 使用牛角麵包的麵包料理

▶麵和、肥肝和、馬鈴薯和…

▶夾起、包起、放上…

▶用伍斯特醬、用奶油醬、用佩里格醬…

## 牛角麵包和焗烤馬鈴薯

僅放入一樣餡料於麵包內的焗烤麵包。只要增加份量或將焗烤的部分與麵包分開享用即可有不同的滋味。平時多半是使用吐司，但這次焗烤麵包則選用牛角麵包。將烤到微焦的牛角麵包壓碎當成焗烤的配料一同享用也別有一番趣味。

## 牛角麵包和焗烤馬鈴薯

麵包

牛角麵包

牛角麵包和焗烤馬鈴薯

**材料（容易製作的份量）**
馬鈴薯…200g
法式長棍麵包…200g
大蒜（切成碎末狀）…2g
鮮奶油…100g
牛奶…200g
鹽巴…3g
格呂耶爾起司…適量

**製作方法**

1 將馬鈴薯削皮後，用隨意的方式切成小塊狀。

2 將法式長棍麵包隨意切塊。

3 將馬鈴薯、鮮奶油、牛奶、鹽巴、大蒜混合均勻，
放入焗烤容器中。

4 撒上格呂耶爾起司，擺上牛角麵包放入 180℃的
烤箱烤約 13 分鐘。

使用牛角麵包的麵包料理

布里歐修或牛角麵包等砂糖和脂肪含量高的麵包和肥肝的搭配性很好。因此將牛角麵包夾起肥肝的法式醬糜，做成奢華的三明治。醬汁的部分也用了松露、馬德拉酒、波特酒、法式小牛高湯等做成奢華的佩里格醬。將佩里格醬塗在肥肝的法式醬糜上，此醬料中還有增添了明膠，將其重複約 3 次塗在肥肝的法式醬糜上之後，冷卻了後醬料就會凝固。因為將醬料貼附在法式醬糜上，口味上也可以更均衡。最後再灑上松露，更加裝點了料理的香氣。

## 松露與肥肝的牛角麵包 佐佩里格醬

## 松露與肥肝的牛角麵包 佐佩里格醬

麵包

牛角麵包

餐點組成

牛角麵包
肥肝的法式醬糜＊
佩里格醬＊
松露
萵苣
醃菜（Pickle）

製作方法

1 將牛角麵包對半橫切。

2 將佩里格醬（含明膠）重複約 3 次來回塗在薄切
肥肝的法式醬糜上，等其冷卻凝固。

3 在第②步驟的半成品上撒上松露，之後將萵苣用
牛角麵包夾起。

4 最後使用醃菜裝飾肥肝的法式醬糜。

＊肥肝的法式醬糜

材料（容易製作的份量）

肥肝…1kg
鹽巴…13g
砂糖…4g
胡椒…2g
馬德拉酒…少許
波特酒（紅）…少許

製作方法

1 將肥肝切成適當的大小，撒上鹽巴、砂糖、胡椒調味。
並將馬德拉酒與波特酒混合，將肥肝放入醃泡一個晚上。

2 將肥肝放入製作法式醬糜（terrine）用的長方型陶製容
器中，用隔水加熱的方式放入 90℃的烤箱中 45 分鐘。

3 等待餘熱散去後放入冷藏庫中冷卻。

＊佩里格醬

材料（容易製作的份量）

松露…適量
波特酒…30g
馬德拉酒…30g
紅酒…30g
法式小牛高湯（fond de veau）…200g
奶油…1 大匙
鹽巴…1 小匙
胡椒…少許
片狀明膠…2g

製作方法

1 將波特酒、馬德拉酒、紅酒、法式小牛高湯混合，煮乾
至一半量為止。在煮的當中加入松露。

2 加入奶油、鹽巴、胡椒調味。將用水浸泡過後的明膠加
入其中並讓它融化混合。

# 炒麵牛角麵包

本料理的主題是「一道至今為止從
未見過的炒麵麵包，並且放在盤子
上可以展現出存在感」。炒麵的部
分使用了刀削中華麵條烹調而成的
炒麵。炒麵時將麵條與青椒、高麗
菜、洋蔥一同翻炒，調味的部分使
用炒麵醬。擠上芥末籽美乃滋，並
裝點上櫻花蝦、青海苔。麵包的部
分選用丹麥牛角麵包。將丹麥牛角
麵包的麵團製成筒狀烘培成型。將
中心挖出空洞，並將炒麵塞至麵包
中心的空洞當中。雖然平常炒麵麵
包多用熱狗麵包來製作，但因為炒
麵帶有甜味，口味上和丹麥牛角麵
包也非常合。

# 炒麵牛角麵包

## 麵包

將丹麥牛角麵包的麵團製成筒狀烘培成型的麵包

（麵包的食譜位於 142 頁）

## 餐點組成

丹麥牛角麵包
炒麵
青椒
高麗菜
洋蔥
炒麵醬
芥末籽美乃滋
櫻花蝦
青海苔

**製作方法**

1　將蔬菜類先切過，然後和炒麵用的麵條一起炒。
　　之後淋上炒麵醬調味。

2　將烘焙成筒狀的麵包中心挖洞，並將炒麵塞至其
　　中。擠上芥末籽美乃滋並放上櫻花蝦。最後撒上
　　青海苔。

在與紅酒、香檳絕配的麵包料理當中，起司、香草的使用方法。

## 考慮主材料的搭配性，嚴選出適合的香草

為了做出與紅酒、香檳絕配的麵包料理，靈活的運用香草是一大重點。想要使用香草通常會很難知道要使用哪些種類，因此可以先鎖定 1～2 種品種，利用這個方式來香草展現其特色也會更方便理解和實際應用。此外，擁有強烈特徵的香草，容易打破味覺上的平衡性，在使用上較為困難。因此為了能和主食做搭配組合，請將品種的選擇縮限在較好使用的香草上。與肉類能搭配的香草為迷迭香、荷蘭芹、百里香。和魚貝類能搭配的香草為迷迭香、荷蘭芹、時蘿、細葉香芹等。如果要和蝦子做搭配的話可以用羅勒、西洋芹、細葉香芹。然後橄欖油和羅勒的搭配性很良好，因此可以做搭配使用。在本書的介紹當中也有讓橄欖油帶上羅勒的香氣做為醬汁來使用。

## 起司依照用途的使用方法

起司是一種和葡萄酒與氣泡酒相性絕佳的材料。只是在較清淡的魚貝類或蝦子上，若使用風格太強烈的起司，就會使材料纖細的味道消失。對於麵包料理也一樣，在起司的使用上不要選擇風格太強烈，以味道柔和的起司為主。在法國常用青黴菌係的羅克福起司來搭配三明治。因為擁有一種獨特的氣味對於日本人來說無法接受的人還滿多的，因此在這邊則不使用這種起司，若是想要使用這種擁有強烈風格的起司，或許也是可以搭配上火腿或只限於內餡等簡單的方式來做搭配與享用。此外，起司給人的感覺也會因為根據享用時當下的狀態而改變。舉例來說，生起司、加熱後溫熱的起司、烤過後酥脆的起司給人的印象是截然不同。

# 使用小圓麵包、馬芬的麵包料理

▶貝涅餅和、油封和、派拉松和…

▶塔塔醬和、普羅旺斯雜燴和…

▶水煮蛋和、白肉魚和、帶骨肋排和…

將白肉魚灑上發粉當作麵衣讓其蓬鬆後拿去油炸製成漢堡。將和魚貝類很合的芝麻搭配上麵包，並且裝飾用的配菜也選用和魚很搭的裙帶菜、紅海藻等海草類材料。並將這道油炸而成的貝涅漢堡料理，灑上卡馬格的鹽巴做調味，再淋上擁有酪梨風味的塔塔醬。為了讓料理口味上有清爽的層次，使用了油封檸檬做為裝飾用的配菜，還有將紅生薑加入塔塔醬當中。帶有甜味、酸味的檸檬和紅生薑營造出的餘味是非常棒的。

**貝涅漢堡**

# 貝涅漢堡

## 麵包

芝麻小圓麵包

## 餐點組成

芝麻小圓麵包
炸鯛魚 *
酪梨
紅生薑
海藻類（裙帶菜、紅海藻、白海藻）
油封檸檬 *

**製作方法**

1 將酪梨敲成小塊狀做成塔塔醬。將切塊的紅生薑
　混入其中。

2 將海藻類、酪梨塔塔醬、炸鯛魚、油封檸檬放在
　麵包上，再蓋上小圓麵包。

＊炸鯛魚

**材料**

鯛魚（或白肉魚）…40g
酥炸油…適量
卡馬格的鹽巴…1 搓
咖哩粉…1 搓
麵衣…適量
麵衣
　低筋麵粉…130g
　融化的奶油…20g
　雞蛋…1 顆
　發粉…2g
　鹽巴…少許
　胡椒…少許

**製作方法**

1 將麵衣的材料組合卡馬格的鹽巴和咖哩粉調味。

2 將鯛魚輕輕沾上麵衣，灑上咖哩粉調味。

3 油炸完成後再用

＊油封檸檬

**材料（容易製作的份量）**

檸檬…100g
砂糖…200g
水…1 ℓ

**製作方法**

1 將檸檬帶皮切成圓形，將水放入鍋中，並將檸檬放入，
　重複水煮三次，每次皆需將原本的煮湯捨去並重新放水。

2 加入水、砂糖，用小火燜煮一個小時左右。

使用小圓麵包、馬芬的麵包料理

# 里昂風油封豬肉漢堡

本料理是用迷你洋蔥、馬鈴薯透過蔗糖使其焦糖化製成的里昂風洋蔥料理搭配上油封豬肉所製成的漢堡料理。選用了富含豐富肉汁的大塊豬五花肉。在油封過後透過煎烤其斷面，製成紮實的美味口感。至於麵包的部分則選用和豬五花肉搭配性極佳的布里歐修的麵團。再進一步灑上木犀，追加上不輸給豬五花肉的衝擊力。然後為了增添層次，在將切成小塊狀的生薑用糖漿和弱火燉煮油封，創造出清爽的餘味。

## 里昂風油封豬肉漢堡

good pairing

推薦酒品為
玫瑰紅酒

### 麵包

布里歐修

### 餐點組成

布里歐修
油封豬肉 ＊
里昂風迷你洋蔥 ＊
里昂風洋蔥馬鈴薯 ＊
菊苣
萵苣
油封生薑 ＊

### 製作方法

1 將小圓麵包對半橫切。

2 將菊苣、萵苣配合小圓麵包的大小用模具製成圓形。

3 將里昂風迷你洋蔥、里昂風洋蔥馬鈴薯、油封生薑、菊苣、萵苣、油封豬肉照順序疊上並用麵包夾起。

### ＊油封豬肉

**材料（容易製作的份量）**
豬五花肉…1kg
鹽巴…15g（豬肉重量的 1.5%）
沙拉油…適量

**製作方法**

1 將豬肉先用鹽巴醃泡一整天。

2 用 65℃的油鍋加熱 5 個小時。

3 在用麵包夾起前先切過，並用平底鍋把斷面煎出紮實口感。

### ＊里昂風迷你洋蔥和里昂風洋蔥馬鈴薯

**材料**
洋蔥…適量
馬鈴薯…適量
蔗糖…適量
奶油…適量

**製作方法**

1 將迷你洋蔥和差不多大小的馬鈴薯用圓形烤模將其塑型。

2 將馬鈴薯水煮，並使用奶油和蔗糖邊讓其焦糖化邊加熱。

3 將迷你洋蔥使用奶油和蔗糖邊讓其焦糖化邊加熱。

### ＊油封生薑

**材料（容易製作的份量）**
生薑…100g
砂糖…200g
水…1 ℓ

**製作方法**

1 將生薑切成小塊狀，將水放入鍋中，並將生薑放入，重複水煮三次，每次皆需將原本的煮湯捨去並重新放水。

2 用砂糖和水製成糖漿，並加入第①步驟的生薑，然後用小火燉煮 1 個小時左右。

使用小圓麵包、馬芬的麵包料理

用德式麵包豪爽的夾起整塊肋排和派拉松，並淋上大量 BBQ 醬。派拉松是一種用洋蔥、培根切成小塊狀翻炒，然後結合馬鈴薯成為一塊圓餅狀煎烤而成的法國家常料理。雖然帶骨肋排感覺起來不太好享用，但因為在端上桌前需要經過蒸熟並用醬汁醃漬的過程，因此可以輕易的將骨頭拔出。因此請在骨頭拔出後再進行享用。雖然會弄髒手，但也可以見證到大量的醬汁和肉汁。這道料理正是擁有這種連手都可以弄髒的美味程度。BBQ 醬汁的部分則是使用像是法式小牛高湯（fond de veau）為基底打造出具有深度的口味。

**派拉松之 BBQ 肋排漢堡**

## 派拉松之 BBQ 肋排漢堡

### 麵包

德式麵包

### 餐點組成

德式麵包
帶骨肋排 ＊
派拉松 ＊
萵苣
BBQ 醬 ＊

### 製作方法

1 將德式麵包對半橫切，之後將萵苣、烤過的帶骨
　肋排、派拉松夾起。

＊帶骨肋排

**材料**

帶骨肋排…1 副（將兩根肋骨視為一副之間隔切開）
BBQ 醬（下記）…40g

**製作方法**

1 將帶骨肋排用 BBQ 醬醃泡 24 小時。

2 將第①步驟的半成品約花 1 小時半～ 2 小時來將其蒸到
　肉質變得柔嫩為止。

3 再次用 BBQ 醬醃漬。到拿出來使用前約需醃漬 1 天。
　並在使用前先用平底鍋煎過。

＊ BBQ 醬

**材料（容易製作的份量）**

番茄醬…30ml
伍斯特醬…30ml
洋蔥碎末…1/2 個的份量
蘋果碎末…1/4 個的份量
法式小牛高湯（fond de veau）…300ml
蜂蜜…1 湯匙
黃芥末醬…1 湯匙
紅酒醋…1 湯匙
月桂葉…1 片
百里香…少許
黑胡椒…少許

**製作方法**

1 將全部混合均勻。

＊派拉松

**材料（容易製作的份量）**

馬鈴薯…1 大顆
洋蔥…20g
培根…20g

**製作方法**

1 將馬鈴薯去皮後切細。

2 將洋蔥和培根切成碎末狀後翻炒。

3 將第①步驟的馬鈴薯與第②步驟的洋蔥培根結合，並用
　配合麵包大小的圓形模具將其製成圓形狀。

4 將第③步驟的半成品兩面煎熟。

使用小圓麵包、馬芬的麵包料理

## 含羞草漢堡 佐荷蘭醬

用馬芬將含羞草沙拉和酥脆的培根夾起。馬芬 Q 彈的口感和培根酥脆的口感在吃的時候將達到相輔相成的效果。雖是用基本的餡料，但卻以華麗的方式分布裝飾而成。在平底鍋中鋪上荷蘭醬並將馬芬的下半部放上煎過是本料理的一大重點。用蛋黃、奶油製成擁有濃郁口感的荷蘭醬其香氣與麵包完美結合，讓本料理的美味程度更進了一步。

## 含羞草漢堡 佐荷蘭醬

麵包

馬芬

餐點組成

馬芬
含羞草沙拉＊
荷蘭醬＊
培根

製作方法

1 將馬芬對半橫切。

2 將荷蘭醬鋪在平底鍋中，將馬芬的下半部的切口處放下去煎。

3 將培根切碎烤至酥脆。

4 將含羞草沙拉和第③步驟的培根撒在第②步驟的馬芬上。

＊含羞草沙拉

材料

雞蛋⋯1 顆
鹽巴⋯少許
胡椒⋯少許

製作方法

1 先煮出一顆水煮蛋。

2 將水煮蛋切碎後灑上鹽巴和胡椒調味。

＊荷蘭醬

材料（容易製作的份量）

蛋黃⋯1 顆份
奶油（無鹽）⋯100g
水⋯50ml
檸檬果汁⋯少許
鹽巴⋯少許
卡宴辣椒⋯少許

製作方法

1 將蛋黃打散，加入水和檸檬果汁混合。

2 將第①步驟的半成品邊攪拌邊隔水加熱，同時慢慢地加入奶油。

3 加入鹽巴和卡宴辣椒調味。

使用小圓麵包、馬芬的麵包料理

小羊肉漢堡　佐普羅旺斯雜燴醬

將小羊肉的肉醬佐普羅旺斯雜燴結合而成的南法風漢堡。使用了漢堡專用的小圓麵包，並撒上罌粟籽烘焙而成。佐普羅旺斯雜燴使用了紅蘿蔔、西葫蘆、彩椒、洋蔥、茄子、番茄炒煮而成的料理。因為搭配上了大量的普羅旺斯雜燴，小羊肉的羊騷味就不會顯露出來。普羅旺斯雜燴淋上去的時候，雖然可能會溢出來，但可先準備萵苣葉片夾在其下來阻止雜燴溢出。為了與麵包味道更搭，普羅旺斯雜燴中會淋上橄欖油，此外普羅旺斯雜燴也身兼醬汁的功能，因此會將濃度調整為比平常更濃、調味也會更重一些是本道料理的重點。

使用小圓麵包、馬芬的麵包料理

# 小羊肉漢堡　佐普羅旺斯雜燴醬

## 麵包

漢堡用的小圓麵包（撒上罌粟籽烘焙而成）

## 餐點組成

小圓麵包
小羊肉的肉醬＊
普羅旺斯雜燴＊
萵苣

### 製作方法

1 將萵苣、肉醬、普羅旺斯雜燴疊在下半部的小圓
　麵包上。

2 將橄欖油撒在普羅旺斯雜燴上，用麵包夾起。

＊小羊肉的肉醬

### 材料

小羊肩里肌肉…100g
鹽巴…1.2g（小羊肉的 1.2%）
胡椒…少許
百里香…少許
沙拉油…適量

### 製作方法

1 將小羊肩里肌肉製成絞肉，混入鹽巴、胡椒、百里香後
　鋪平成型製成肉醬。

2 將第①步驟的肉醬放上平底鍋煎熟。

＊普羅旺斯雜燴

### 材料（容易製作的份量）

紅蘿蔔…60g
西葫蘆…60g
彩椒…60g
洋蔥…120g
茄子…60g
番茄…60g
大蒜…40g
鹽巴…1 大匙
胡椒…少許
橄欖油…適量

### 製作方法

1 將大蒜切成碎末狀，番茄以外的其他蔬菜都切成稍大一
　點的塊狀。

2 用橄欖油炒大蒜。到香味出來後將除了番茄以外的蔬菜
　一一放入鍋中輕炒。

3 將番茄碾碎，加入第②步驟的半成品中。並用鹽巴和胡
　椒調味，用小火燉煮 20 分鐘。

# 使用熱狗麵包、佛卡夏 etc. 的麵包料理

▶橄欖醬和、熱沾醬和…

▶續隨子風味、番紅花風味、迷迭香風味…

▶溏心蛋和、馬賽魚湯和、煙燻和…

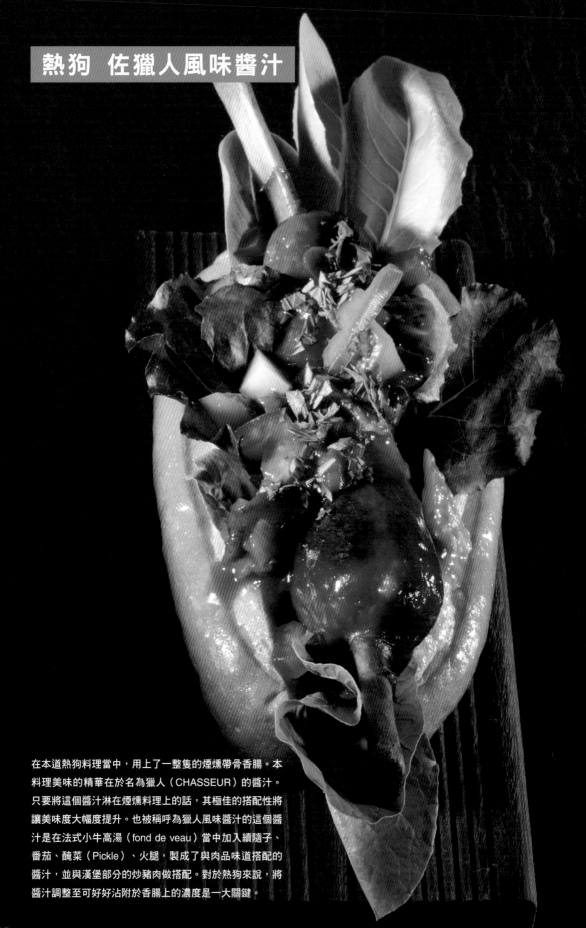

## 熱狗 佐獵人風味醬汁

在本道熱狗料理當中，用上了一整隻的煙燻帶骨香腸。本
料理美味的精華在於名為獵人（CHASSEUR）的醬汁。
只要將這個醬汁淋在煙燻料理上的話，其極佳的搭配性將
讓美味度大幅度提升。也被稱呼為獵人風味醬汁的這個醬
汁是在法式小牛高湯（fond de veau）當中加入續隨子、
番茄、醃菜（Pickle）、火腿，製成了與肉品味道搭配的
醬汁，並與漢堡部分的炒豬肉做搭配。對於熱狗來說，將
醬汁調整至可好好沾附於香腸上的濃度是一大關鍵。

# 熱狗 佐獵人風味醬汁

麵包

熱狗麵包

餐點組成

熱狗麵包
帶骨香腸
貝比生菜
荷蘭芹
獵人風味醬汁＊

**製作方法**

1 將熱狗麵包縱向對半切出開口並烤過。

2 將帶骨香腸烤過後正中間切開。

3 將貝比生菜、帶骨香腸放到熱狗麵包上，之後淋
　上獵人風味醬汁。撒上切碎的荷蘭芹。

＊獵人風味醬汁
**材料（容易製作的份量）**
洋菇…60g
洋蔥…30g
白酒…300ml
法式小牛高湯（fond de veau）…150ml
番茄…1 顆
火腿…30g
醃菜（Pickle）…20g
續隨子…1 大匙
奶油…1 大匙

**製作方法**

1 將洋蔥、洋菇切碎，用奶油（材料清單外）翻炒。加入
　白酒後煮乾，並與法式小牛高湯結合。

2 將切成小塊的番茄、火腿、醃菜、續隨子放入其中，最
　後加入一大匙奶油混合均勻。

使用熱狗麵包、佛卡夏 etc. 的麵包料理

# 菲力牛塔塔和溏心蛋的巧巴達三明治

用巧巴達麵包將菲力牛包夾於其中。將巧巴達麵團用格子鬆餅的烤模壓扁成薄薄一片再拿去烘焙。此外，塔塔醬的部分不以法式風味加入蛋黃的方式，而是改用溏心蛋來搭配這道料理。一刀切下去時半熟的蛋黃就會像醬汁般流淌而出。另外，不可或缺的紅酒醬不與其他東西混合便直接淋上，為這道料理增添上漂亮的色澤。巧巴達麵包外酥內軟的口感與大量的塔塔醬也非常合拍。

# 菲力牛塔塔和溏心蛋的巧巴達三明治

## 麵包

巧巴達麵包（製作方法位於 146 頁）

## 餐點組成

巧巴達麵包
菲力牛塔塔＊
溏心蛋＊
紅酒醬＊

### 製作方法

1 將巧巴達麵包對半切開。

2 將巧巴達麵包下半部放上菲力牛塔塔、半熟溏心
蛋。

3 淋上紅酒醬，將巧巴達麵包上半部蓋上。

菲力牛塔塔＊

**材料（容易製作的份量）**
菲力牛（塔塔用）…100g
醃菜（Pickle）…10g
續隨子…少許
鯷魚…少許
李派林醬汁（烏斯特醬汁）…1 小匙
番茄醬…1 大匙
干邑白蘭地…1 小匙
鹽巴…2 搓
胡椒…少許

**製作方法**

1 將菲力牛、醃菜、續隨子、鯷魚、李派林醬汁、番茄醬、
干邑白蘭地、鹽巴、胡椒用菜刀敲打混合均勻。

＊紅酒醬

**材料（容易製作的份量）**
火蔥…20g
砂糖…1 大匙
紅酒醋…20ml
紅酒…100ml
法式小牛高湯（fond de veau）…200ml
鹽巴…少許
胡椒…少許
奶油…10g

**製作方法**

1 將砂糖加熱使其焦糖化，加入紅酒醋、紅酒、法式小牛
高湯煮乾形成醬汁。

2 將火蔥切碎後拿去炒。

3 將第①步驟的醬汁放入第②步驟的醬汁中輕微燉煮。加
上鹽巴和胡椒調味並過篩。加入奶油即完成。

＊溏心蛋

**材料（容易製作的份量）**
雞蛋…1 顆
鹽巴…適量
醋…適量

**製作方法**

1 將水煮沸後加入醋與少許的鹽巴。將火轉小，倒入已打
好的整顆生蛋。

2 用將蛋白包裹著蛋黃的方式水煮雞蛋，等蛋白凝固時關
火，用餘熱加熱直到蛋黃呈現半熟為止。從鍋中取出，
並去除多餘的水份。

使用熱狗麵包、佛卡夏 etc. 的麵包料理

# 熱沾醬（Bagna cauda）

熱沾醬擁有著可以品嘗到當季蔬菜的魅力所在，因此在許多的餐酒館中都是人氣料理。同時熱沾醬也很適合搭配麵包享用。麵包也不侷限於法式長棍麵包，它和紅蘿蔔佛卡夏也非常搭。只要增添麵包的總類就可以使麵包的存在感提升，更加增添麵包料理的魅力。

# 熱沾醬

## 麵包

法式長棍麵包

## 餐點組成

熱沾醬＊
紅蘿蔔佛卡夏
法式長棍麵包
蔬菜（番薯、馬鈴薯、芋頭、紅蘿蔔、紅葉菊苣、
　小松菜、芝麻菜）

**製作方法**

1　將熱沾醬加熱保溫後，和煮熟的根莖類、葉菜類
　材料和麵包一起上菜享用。

---

＊熱沾醬

**材料（容易製作的份量）**

牛奶…150g
大蒜…50g
鯷魚（切成碎末狀）…50g
橄欖油…100ml

**製作方法**

1　將牛奶放入鍋中煮沸，放入大蒜煮到變得柔軟為止。

2　關火將大蒜取出，加入鯷魚後攪拌混合。

3　邊攪拌邊緩緩不間斷地加入橄欖油。

---

使用熱狗麵包、佛卡夏 etc. 的麵包料理

將貝果與 100% 牛肉醬結合。本道料理雖然很單純，但卻非常講求香味與口感。首先，在肉醬上淋上迷迭香油，並且在裝飾上也插上一根迷迭香，讓整道料理都充滿著迷迭香的香氣是本道料理的一大特徵。再將溫和的法式小牛高湯（fond de veau）醬汁與迷迭香混合。牛肉的部分則將牛肩肉與牛腿肉以 7 比 3 的比例混合，並將其製成中等粗細的絞肉，與富含彈性的貝果非常搭。將麵包夾上時，將番茄置於可當作肉醬醬汁的位置。

## 貝果漢堡　迷迭香風味

# 貝果漢堡 迷迭香風味

---

## 麵包

### 貝果

---

### 餐點組成

貝果
牛肉醬＊
番茄
紅葉萵苣
紅葉菊苣
法式小牛高湯醬汁＊
迷迭香
迷迭香油＊

### 製作方法

1 將 100% 牛肉醬用平底鍋煎。

2 將紅葉萵苣、萵苣、紅葉菊苣切成可以配合小圓
　麵包的形狀。番茄則橫切。

3 將紅葉萵苣、肉醬、番茄、萵苣、紅葉菊苣等全
　部材料的中間開洞。

4 將第③步驟的材料用貝果夾起，淋上法式小牛高
　湯醬汁。並在正中間的開口處插上一隻迷迭香。
　最後淋上迷迭香油。

### ＊牛肉醬

### 材料

牛肩肉⋯70g
牛腿肉⋯30g
鹽巴⋯1.5g（牛肉重量的 1.5%）
胡椒⋯少許

### 製作方法

1 牛肉的部分則將牛肩肉與牛腿肉以 7 比 3 的比例混合，
　並將其製成中等粗細的絞肉。

2 將鹽巴和胡椒混入其中，並將肉醬定型。

3 將肉醬用平底鍋兩面煎熟。

### ＊法式小牛高湯醬汁

### 材料

法式小牛高湯（fond de veau）⋯100ml
法式清湯（consommé）⋯50ml
迷迭香⋯10cm×1 根

### 製作方法

1 將法式小牛高湯加熱煮沸，加入迷迭香。

2 關火蓋上蓋子，藉此方式讓迷迭香的味道滲入其中。要
　注意加熱後味道會帶有刺激性。

### ＊迷迭香油

迷迭香⋯12 ～ 13cm×4 根
橄欖油⋯500ml

### 製作方法

1 將橄欖油和迷迭香放入瓶內，關上蓋子。放在溫暖的地
　方約 3 小時。

使用熱狗麵包、佛卡夏 etc. 的麵包料理

## 五穀麵包之法式火腿起司三明治

法式火腿起司三明治是一種不可或缺的三明治，因此試著多下了些工夫。

麵包選用摻入了五穀米的吐司，使用的麵團在一次發酵後就將氣泡去除。此外，火腿起司三明治一般是使用里肌火腿，在這道料理中選用燻牛肉火腿。並在白醬當中加入了菠菜泥使醬汁的顏色有了變化。讓料理的風味更增添了層次。為了在外觀上更有變化性，將吐司切成細長型，並在平底鍋中撒上帕馬森起司，加熱融化後放上一片麵包放入鍋中煎，形成「帶有起司薄片的麵包」並疊於料理最上方。

good pairing

推薦酒品為
香檳

# 五穀麵包之法式火腿起司三明治

## 麵包

摻入了五穀米的吐司（製作方法位於 143 頁）

### 五穀麵包之法式火腿起司三明治

**材料**

摻入了五穀米的吐司…適量
帕馬森起司…30g
奶油…20g
燻牛肉火腿…30g
加入了菠菜泥的白醬＊…50g

**製作方法**

1 將吐司切成兩片細長薄片狀。

2 在平底鍋中撒上帕馬森起司並加熱融化。之後放上一片麵包加熱。

3 在還沒加熱的另一片吐司上塗上奶油、並放上燻牛肉火腿、加入了菠菜泥的白醬。之後用平底鍋加熱，並放上第②步驟的吐司。

---

＊加入了菠菜泥的白醬

**材料**

牛奶…400ml
奶油…60g
小麥粉…60g
菠菜泥…1/3 把的份量

**製作方法**

1 將奶油加熱，並少量慢慢的加入小麥粉下去炒。

2 少量慢慢的加入牛奶使其混合。

3 將菠菜泥加入其中混合均勻。

使用熱狗麵包、佛卡夏 etc. 的麵包料理

這道料理在「如果可以一次吃到很多蔬菜的話應該會很有趣吧」在這樣的想法下誕生。裝盤的靈感來自於插花藝術。將讓的麵團以薄餅狀烘焙過後製成皮塔餅並將皮塔餅中的口袋做為花盆，實現「插花藝術」般的裝盤形式。將番茄切成月牙形，小黃瓜、白芹切成棒狀、紫洋蔥切成薄片狀、自製雞肉火腿也切成棒狀並插上。在皮塔餅的底部淋有醬汁，並且放上了馬鈴薯泥作為插花藝術中劍山的功能。最後擺上可食用花卉擺盤裝飾。

**IKEBANA 皮塔餅三明治**

## IKEBANA 皮塔餅三明治

### 麵包

皮塔餅麵包（製作方法位於 144 頁）

### 餐點組成

皮塔餅麵包
番茄
小黃瓜
白芹
荷蘭豆
紫洋蔥
珠蔥
芽菜
迷迭香
羅勒
義大利香芹
自製雞肉火腿＊
馬鈴薯泥
可食用花卉

### 製作方法

1 將番茄切成月牙形。小黃瓜、白芹切成棒狀。荷
蘭豆水煮熟。紫洋蔥切成薄片狀。

2 將珠蔥切成比一般還長的小塊狀。

3 將自製雞肉火腿也切成棒狀。

4 將馬鈴薯泥加入美乃滋混合。混合的比例為美乃
滋 6，水煮並過篩後的馬鈴薯泥 4。

5 將馬鈴薯泥從皮塔餅底部的開口處放入。並從上
方將蔬菜和火腿插上。最後擺上可食用花卉擺盤
裝飾。

＊自製雞肉火腿

**材料（容易製作的份量）**
雞胸肉…1 副
鹽巴…適量（雞肉重量的 1%）
百里香…少許

**製作方法**

1 在雞胸肉上灑上鹽巴和百里香，並醃泡一整天。

2 將第①步驟的雞胸肉表面擦乾，用 65℃的蒸氣焗爐
（steam convection oven）烤約 20 分鐘。

使用熱狗麵包、佛卡夏 etc. 的麵包料理

119

# 馬賽魚湯三明治　佐法式美乃滋

將南法最具代表性的料理馬賽魚湯，原汁原味三明治化後的料理。並將番紅花摻入麵包的麵團當中，並塑型成貝殼狀烘焙成佛卡夏。內餡的部分則用蝦子、帆立貝、鱈魚、淡菜等食材，並用扁桃薄片當作麵衣裹下去油炸。然後醬汁的部分則使用馬賽魚湯一定會出場的法式美乃滋（Rouille）來調味而成。法式美乃滋本身是一種大蒜風味的美乃滋醬料。此處將融合於馬賽魚湯當中，並使其能更為搭配麵包享用。這可說是一道洋溢著豪華饗宴感的三明治料理。

## 馬賽魚湯三明治 佐法式美乃滋

good pairing

推薦酒品為
玫瑰紅酒

### 麵包

在麵團中摻入番紅花使其帶有顏色,並塑型成貝殼狀烘焙而成的佛卡夏(製作方法位於 145 頁)

### 餐點組成

摻入番紅花的佛卡夏
炸蝦子＊
炸帆立貝＊
炸鱈魚＊
炸淡菜＊
紅葉萵苣
比例上若法式美乃滋為 7、馬賽魚湯為 3 混合而成的醬汁

### 製作方法

1 將炸過的海鮮魚貝類放上麵包,淋上由法式美乃滋和馬賽魚湯混合而成的醬汁。

2 放上萵苣,夾上麵包。

---

＊炸海鮮魚貝類

**材料**
帶頭蝦子
帆立貝柱
鱈魚(生的切片)
淡菜
扁桃薄片
小麥粉
蛋汁
炸物油

**製作方法**
1 將蝦子、帆立貝、鱈魚、淡菜撒上小麥粉並裹上蛋汁,撒上扁桃薄片,用 180℃的油一樣一樣的下鍋油炸。

---

＊三明治用法式美乃滋

**材料**
蛋黃…1 顆分
蒜泥…1/2 瓣
橄欖油…50ml
檸檬汁…少許
鹽巴…少許
胡椒…少許

**製作方法**
1 將大蒜與蛋黃放入調理盆中混合,之後邊攪拌邊慢慢少量加入橄欖油使其乳化。

2 加入檸檬汁、鹽巴、胡椒調味。

＊三明治用馬賽魚湯

**材料(容易製作的份量)**
魚骨、魚頭…300g
蔬菜類
　洋蔥…100g
　紅蘿蔔…100g
　西洋芹…60g
　洋菇…40g
　大蒜…1 瓣
魚原汁(Fumet de poisson)…1 ℓ
番茄(煮熟)…2 顆
番紅花…少許
法國香草束…1 束
白酒…100ml
苦艾酒…100ml
鹽巴…適量
胡椒…適量
沙拉油…適量

**製作方法**
1 將魚骨、魚頭和蔬菜類一起下鍋用油炒。

2 白酒、苦艾酒、魚原汁、番茄、番紅花、法國香草束混合,燉煮約 1 個小時。

3 用鹽巴和胡椒調味並過篩。

使用熱狗麵包、佛卡夏 etc. 的麵包料理

## 烤鴨之薑餅三明治

這道三明治料理和 82 頁的三明治一樣，麵包和內餡的口味雖並不平衡，但內餡能帶給享用的人具有衝擊力的層次感，因此和紅酒作搭配時可讓人更為享受。為了搭配烤鴨肉，麵包的部分選擇麵團加入了肉桂或辣椒的薑餅。醬汁的部分則使用位於西班牙國境旁的南法濱海巴尼於爾地區出產的紅酒製成的醬汁。用天然的紅酒煮乾而成的醬汁其甜味十分強烈。醬汁將另外裝於容器中，可用於搭配烤鴨和搭配塗上了奶油起司的麵包，請兩種使用方法都試著享用看看吧。

# 烤鴨之薑餅三明治

麺包

薑餅（麺團加入了肉桂或辣椒後烘焙而成的薑餅）

餐點組成

薑餅
烤鴨＊
奶油起司
椰棗（或是葡萄乾）
濱海巴尼於爾醬＊

**製作方法**

1 將麺包塗上奶油起司，然後放上烤過的鴨肉。

2 將椰棗裝飾於鴨肉上。

3 蓋上麺包，加上濱海巴尼於爾醬。

---

＊烤鴨

**材料**

鴨胸肉⋯1 副
鹽巴⋯適量
胡椒⋯適量
沙拉油⋯適量

**製作方法**

1 在鴨肉上灑上鹽巴和胡椒，在帶皮面切出格子狀的刀痕。

2 將油放入平底鍋中加熱，將鴨肉放下去煎。

3 烹煮完畢後，將鴨肉置於溫熱處稍事休息後再切塊。

＊濱海巴尼於爾醬

**材料（容易製作的份量）**

濱海巴尼於爾的紅酒⋯100ml

**製作方法**

1 將紅酒加入鍋中開火，將紅酒煮乾至 20ml 左右。

使用熱狗麺包、佛卡夏 etc. 的麺包料理

用南法風的感覺所做出的佛卡夏三明治。夾著的內餡是用鹽漬鱈魚、馬鈴薯、大蒜、橄欖油做成的奶油鱈魚酪，還有用黑橄欖和鰻魚做成的橄欖醬。兩者混合後鹹味十分強烈，因此搭配上有厚度的佛卡夏為了方便食用切成三層。最下層的部分塗上橄欖醬和放上羅勒。第二層的部分塗上奶油鱈魚酪，並搭配上橄欖、切片的迷你番茄。最上層則是放上切半後的橄欖和迷你番茄，並淋上橄欖油、用烤過的迷迭香裝飾，帶出其香氣。橄欖醬可再加入金槍魚提味，藉此帶出溫和的味道是這道料理的一大秘訣。

奶油鱈魚酪和橄欖醬的
佛卡夏三明治

# 奶油鱈魚酪和橄欖醬的佛卡夏三明治

## 麵包

佛卡夏（製作方法位於 145 頁，不加入番紅花放入烤模中烘
　焙）

## 餐點組成

佛卡夏
橄欖醬＊
羅勒
奶油鱈魚酪＊
橄欖
迷你番茄
迷迭香

**製作方法**

1　將佛卡夏切成三層。最下層的部分塗上橄欖醬和
　放上羅勒。第二層的部分塗上奶油鱈魚酪，並搭
　配上橄欖、切片的迷你番茄。依序疊上小圓麵包，
　並疊在最上層的小圓麵包上。

2　最上層則是放上切半後的橄欖和迷你番茄，並淋
　上橄欖油、用烤過的迷迭香裝飾，帶出其香氣。
　並從最上方淋上橄欖油和灑上鹽巴。

＊橄欖醬

**材料（容易製作的份量）**
黑橄欖…200g
鯷魚…2 片
橄欖油…適量（可讓全體均勻沾到的量）
金槍魚…1 ～ 2 大匙

**製作方法**

1　將所有的材料放到食物調理機中打成糰糊狀。

＊奶油鱈魚酪

**材料（容易製作的份量）**
鹽漬鱈魚…400g（鹽漬鱈魚與馬鈴薯的量比例為 4 比 6）
馬鈴薯…600g
大蒜…1 瓣
鮮奶油…200ml
純橄欖油…200ml

**製作方法**

1　將馬鈴薯去皮、水煮。之後將大蒜去皮用鮮奶油稍為燉
　煮。

2　將第①步驟的半成品與鹽漬鱈魚、純橄欖油放進食物調
　理機中打成糰糊狀。

# 豐盛的麵包料理裝盤的重點為何？

## 需要再三考慮享用時的方便性

在考慮食用性時最重要的便是「不容易滑掉」這點。舉例來說，如果在麵包上先放上葉子並且上方再淋上醬汁的話，在將內餡堆疊上去就很容易滑掉。不僅是要考量到口味，為了在享用的時候不要崩塌，一定要經過思考決定疊放材料的順序。但是三明治、漢堡等風格的麵包料理和法式料理不同，因為是用手拿著食用可展現輕鬆的氛圍。因為要用手抓並大口咬下享用，因此為了不容易讓餡料掉出也可以考慮將麵包製成袋狀並將餡料置於其中。

## 再三思考享用時的口感

以三明治為例，對於三明治的餡料來說，位於下方的餡料在入口時無法第一時間感受到其滋味。要在咬下時第一時間強調其滋味的餡料要放在最上方。此外，放在下方的食材，味道之後會在口中擴散開來，會邊吃邊感受到其味道。如果善加利用這點，將不同風味的食材置於下方的話，在享用的途中就可以起到味覺上的變化。

# 三明治、漢堡風格的餐酒館菜單

▶鬆餅和、派和、麵包乾和…

▶沙拉和、熟肉抹醬和、慕斯和…

▶雞蛋和、鮭魚和、日本鮭魚和…

## 和一般的方法一樣，為了讓料理更加醒目的裝盤方式

三明治和漢堡類的料理尤為明顯，這類的料理的特徵就是會將麵包與餡料一同放入口中享用。

在這種狀況之下，重點就是不只是餡料的口感，麵包的口感也是一大重點。配合烤過、炸過等方式，麵包的印象、味道等印象也會改變。使用放過一陣子的麵團，搭配湯品來享用也是一個發想。此外，使用蓬鬆的麵團時，根據麵包切的薄厚程度在享用時給人的印象也會不同。

無論如何，在麵包和內餡一同食用時，一定感受到麵包的存在，因此使用可以盡情享受麵包口感的搭配方式也不錯吧。

即使是同樣的料理，也可以在麵團上做出各種的變化，在這種情況下，麵包的切法、有沒有烤過等根據麵團的種類下點工夫試試看吧。

## 關於麵包麵團的外觀、顏色帶來的樂趣

本次將介紹包含派、鬆餅、花結酥皮、麵包乾等各式各樣的麵團來製成三明治、漢堡形式的料理。

---

● 餅乾、比司吉
● 可麗餅、法式可麗餅
● 海綿蛋糕麵團
● 塔皮
● 甜甜圈
● 馬卡龍
● 格子鬆餅

---

許多烘焙甜點的麵團都可以靈活應用。這些烘焙甜點的麵團都可以使用糖漿讓顏色產生變化，並且外型也可以自由調整。麵包只要改變了外型與顏色，就能讓人感受到更多的趣味性。

除此之外，披薩麵團也可以進行一些變化與調整，然後厚切洋芋片、薄烤仙貝、硬質起司等也都可以考慮拿來當做材料或內餡。

# 布里尼三明治

使用蕎麥粉製成的布里尼，搭配希臘紅魚子泥沙拉製成三明治。蓬鬆柔軟的布里尼與口味柔和的希臘紅魚子泥沙拉非常搭配。法式的做法會再放魚子醬，但這邊選用了口感相近的地膚子。將紅葉萵苣、希臘紅魚子泥沙拉、蘿蔔嫩芽、地膚子組合清爽的上桌。希臘紅魚子泥沙拉則在打散的鱈魚子中加入了苦艾酒，讓味道更增添層次。也可以同時將苦艾酒特有的味道壓住，在吃的時候更增添香氣。

## 布里尼三明治

推薦酒品為
玫瑰香檳

---

### 麵包

蕎麥粉製成的布里尼（製作方法位於 147 頁）

### 搭配組合

布里尼
希臘紅魚子泥沙拉＊
紅葉萵苣
蘿蔔嫩芽
地膚子

### 製作方法

1 將布里尼對半橫切。

2 將紅葉萵苣、希臘紅魚子泥沙拉、蘿蔔嫩芽夾至
　其中，灑上地膚子。

---

＊希臘紅魚子泥沙拉

### 材料

馬鈴薯…300g
米醋…30ml
檸檬汁…少許
橄欖油…20g
鱈魚子…80g
鮮奶油…80ml
苦艾酒…少許

### 製作方法

1 將鱈魚子打散。

2 將馬鈴薯水煮熟後去皮，用土豆泥搗具將馬鈴薯搗碎後，
　趁著還溫熱時加入米醋、檸檬汁、橄欖油混合均勻。

3 將鮮奶油打發，加入打散的鱈魚子混合均勻。再加上少
　許苦艾酒提味。

4 將第②步驟與第③步驟的半成品混合。

三明治、漢堡風格的餐酒館菜單

用派做成愛心型的可愛三明治。酥脆的派
搭配上日本鮭魚和豬肉的熟肉抹醬正是
絕配，不管是搭配白酒還是紅酒都是好
選項。為了讓料理更增添層次加入了醃菜
（Pickle），作為前菜好好的享用吧。日
本鮭魚的熟肉抹醬和豬肉的熟肉抹醬都是
法式料理中不可或缺的項目。為了讓口感
更加酥脆，派的麵團製成圓形並切薄，再
使用重石下去烘烤而成是一大關鍵。

法國之心

# 法國之心

## 夾起餡料物

派（使用市售的派皮麵團）並切成愛心型烘焙而成。

## 餐點組成

派
日本鮭魚熟肉抹醬＊
豬肉熟肉抹醬＊
醃菜（Pickle）

---

＊日本鮭魚熟肉抹醬
**材料（容易製作的份量）**
煙燻日本鮭魚…300g
橄欖油…100g
胡椒…少許
檸檬汁…少許

**製作方法**
1 將橄欖油淋上煙燻日本鮭魚，之後放入食物調理機中打
　成糨糊狀。加入胡椒和檸檬汁攪拌均勻。

＊豬肉熟肉抹醬
**材料（容易製作的份量）**
豬五花肉…400g
白酒…100g
水…300g
豬油…150g
鹽巴（醃泡豬肉用）…6g（豬五花肉的 1.5%）
胡椒…少許
白蘭地…少許

**製作方法**
1 用鹽巴將豬肉醃泡一天。

2 醃泡後的豬肉切成塊狀並炒過。炒出焦色後加入白酒和
　水，用小火燉煮 1 個小時煮到其柔軟為止。

3 豬肉散開後從鍋中取出，將其分散為較大塊的狀態。加
　入豬油均勻混合。

4 灑上鹽巴（材料清單外）、胡椒、白藍地調味，放入模
　具中冷卻。

三明治、漢堡風格的餐酒館菜單

# 日本鮭魚鮮奶油的法式鹹蛋糕三明治

將法式鹹蛋糕、煙燻日本鮭魚、奶油起司組合成的三明治。法式鹹蛋糕的部分加入了帕馬森起司增添其風味，讓它與紅酒一同享用時更加搭配。奶油起司和煙燻鮭魚的搭配性有多棒自不用多言。將奶油起司化於鮮奶油當中，並均勻沾上法式鹹蛋糕和煙燻日本鮭魚是一大重點。身為一道精緻小點，外觀華麗是非常重要的，因此將煙燻鮭魚置於法式鹹蛋糕上裝盤端出。裝盤的部分，透過大膽的擺盤方法也可以當作一種三明治。此外，再加上粉紅胡椒、蝦夷蔥、續隨子、醃小黃瓜裝飾，讓其豪華感十足。

# 日本鮭魚鮮奶油的法式鹹蛋糕三明治

## 夾起餡料物

法式鹹蛋糕（製作方法位於 148 頁）

## 餐點組成

法式鹹蛋糕
煙燻日本鮭魚
奶油起司
鮮奶油
粉紅胡椒
蝦夷蔥
續隨子
醃小黃瓜

**製作方法**

1 將奶油起司化於鮮奶油當中。

2 將煙燻鮭魚置於法式鹹蛋糕上。淋上第①步驟的
鮮奶油起司，然後灑上粉紅胡椒、蝦夷蔥、續隨
子、醃小黃瓜。

三明治、漢堡風格的饗酒館菜單

# 天鵝法式起司泡芙

以天鵝為型的法式起司泡芙（花結酥皮）製成的可愛雞蛋三明治。用花結酥皮和細菜香芹來再現佇立於湖畔的天鵝。在『LES SENS』的時候，其實是做為一道精緻小點，在此有再稍微調整過一下。三明治當中夾著的是雞蛋沙拉。在此處的雞蛋沙拉為了使其更有雞蛋三明治的清爽口感加入了美乃滋調味。法式起司泡芙的部分加入了帕瑪森起司，而入口即化的花結酥皮也與紅酒的搭配性極佳。

# 天鵝法式起司泡芙

## 夾起餡料物

法式起司泡芙（加入了起司的花結酥皮）

（製作方法位於 149 頁）

## 餐點組成

法式起司泡芙
雞蛋沙拉＊
細菜香芹

**製作方法**

1 將烘焙完成出爐的法式起司泡芙對半縱切，將上
半部的泡芙再次對半縱切。

2 在斷面處塗上雞蛋沙拉，疊回原本的外型。用法
式起司泡芙夾起頭的部分。

＊雞蛋沙拉

**材料**
雞蛋
美乃滋（比例上雞蛋為 10 的話美乃滋為 3）
鮮奶油（比例上雞蛋為 10 的話鮮奶油為 2）
鹽巴…適量
胡椒…適量

**製作方法**

1 首先來製作雞蛋沙拉。在雞蛋中加入美乃滋、鹽巴、胡
椒並混合均勻，然後緩緩煮熟。最後再加上鮮奶油做裝
飾。

三明治、漢堡風格的餐酒館菜單

麵包、火腿、蔬菜是常見的三明治組合，在此火腿使用煙燻鴨肉火腿、蔬菜的話則是使用紅蘿蔔慕斯和白色蘆筍慕斯。麵包的部分則是使用麵包乾來與食材做搭配。麵包乾選用了三種口味，鹽風味、魁蒿風味、黑糖風味來做搭配組合。紅蘿蔔慕斯僅選用紅蘿蔔富含甜味的部分。白色蘆筍慕斯則是將白色蘆筍先炒過再加入白色高湯（fond blanc）煮過製成。清淡的甜味、鹽味、滑順的慕斯、酥脆的麵包乾。與各別享用完全不同，將其組合再一起創造了一個全新的感受。一口咬下可以感受到各種不同的口感、各種不同的味道，享受這種豐富的感受也是一大樂趣吧。

鴨肉火腿和蔬菜慕斯的麵包乾三明治

# 鴨肉火腿和蔬菜慕斯的麵包乾三明治

## 夾起餡料物

鹽味麵包乾（製作方法位於 150 頁）
魁蒿味麵包乾（製作方法位於 150 頁）
黑糖味麵包乾（製作方法位於 150 頁）

## 餐點組成

鹽味麵包乾
魁蒿味麵包乾
黑糖味麵包乾
紅蘿蔔慕斯＊
白蘆筍慕斯＊
煙燻鴨肉火腿

## 製作方法

1 將紅蘿蔔慕斯、切片煙燻鴨肉火腿放在魁蒿味麵包乾上。

2 將白蘆筍慕斯、切片煙燻鴨肉火腿放在黑糖味麵包乾上。然後疊在第①步驟的麵包乾上。最後在最上方放上鹽味麵包乾。

＊紅蘿蔔慕斯

材料（容易製作的份量）

紅蘿蔔…1/2 條
奶油…20g
牛奶…100ml
生奶油…適量（為紅蘿蔔重量的 1/3）
鹽巴…1 小匙
胡椒…適量
孜然…適量

製作方法

1 紅蘿蔔慕斯僅選用紅蘿蔔富含甜味的部分。去皮後切片用奶油炒過。

2 加入孜然，並且將牛奶加到僅露出些許紅蘿蔔的量，煮到紅蘿蔔變軟。然後壓扁成醬汁狀。

3 冷卻後加入生奶油、鹽巴、胡椒混合均勻。

＊白蘆筍慕斯

材料

白蘆筍…適量
白色高湯（fond blanc）（或是法式雞高湯）…適量
※ 白蘆筍和白色高湯的量在製作方法中的第②步驟結束後，調整為 330g 的量。
鮮奶油…100g（比例上若白蘆筍為 3 的話鮮奶油為 1）
片狀明膠…3g
鹽巴…少許
胡椒…少許

製作方法

1 將白蘆筍去皮後切成薄片炒過。

2 將第①步驟的炒白蘆筍放入鍋內，將白色高湯加到僅露出些許白蘆筍的量加熱烹煮。並用濾網篩 (chinois) 過篩。

3 將第②步驟的半成品放涼後，將打發的鮮奶油、用水泡軟的片狀明膠加入其中混合均勻，再撒上鹽巴和胡椒調味。最後放入模具中冷卻定型。

# 麵包、麵團的食譜

事前準備

■ 酵母選用乾燥酵母。在溫水中加入砂糖和酵母，放置 15 分鐘完成發酵準備。

■ 在店內是使用鐵氟龍加工過的焙烤盤。若沒有鐵氟龍加工過的焙烤盤也可以舖上烘焙紙。

■ 關於讓麵團休息的時間會隨著氣溫而變化。在此記載的為標準時間。廚房是較為溫暖的地方，所以在本食譜中以室溫 35℃為標準。

# 法式鄉村麵包三明治 佐蛋黃奶油醬 64頁

## 法式鄉村麵包

**材料（容易製作的份量）**
高筋麵粉…400g
低筋麵粉…400g
黑麥粉…200g
鹽巴…18g
砂糖…16g
酵母…12g
水…600ml

**製作方法**

1 在前一天先將所有材料混合，並用手揉捻 15~20 分鐘。

2 放入調理盆中，蓋上濕毛巾。放進冷藏庫中一天，使其緩緩發酵。

3 隔天取出後，輕拍麵團去除氣泡。分出一個麵包的份量，放在常溫一個小時讓麵團休息。

4 等麵團發酵膨脹至 1.5 倍大後，將麵團放至烤盤上，接著放入 180℃的烤箱烘焙 30 分鐘。

法式鄉村麵包

# 炒麵牛角麵包 92 頁

## 丹麥麵包

**材料（容易製作的份量）**

A
- 高筋麵粉…100g
- 低筋麵粉…25g
- 砂糖…12g
- 鹽巴…2g
- 水…70ml
- 奶油（無鹽）…12g
- 酵母…4g

奶油（夾入用）…100g

**製作方法**

1 將材料 A 放入調理盆中。攪拌混合到一定程度為止。因不可過度揉捻攪拌的關係，攪拌至稍微凝固即可。

2 放置於常溫處使麵團休息 3 ～ 4 小時。

3 輕拍麵團去除氣泡，擀成薄薄的四邊形。將回歸常溫的奶油塗上，並摺三摺。將其擀開再對摺。每對摺兩次便將麵團放進冷藏庫使其休息 3、4 個小時。並將上述步驟重複 3 次。

4 將其分成 25 ～ 30g，並塞進細長的圓筒中。並放在比室溫還稍低處使麵團休息。

5 等麵團發酵膨脹至 1.5 倍大後，將圓筒直接放至烤盤上，接著放入 180℃的烤箱烘焙 16 ～ 17 分鐘。將圓筒取下，並用水果刀將麵包的中心取出。

丹麥麵包

# 五穀麵包之法式火腿起司三明治 116頁

## 五穀麵包

**材料（容易製作的份量）**
A
- 高筋麵粉…700g
- 起酥油…36g
- 砂糖…28g
- 鹽巴…14g
- 脫脂奶粉…14g
- 酵母…12g
- 溫水…460ml
五穀米（市售麵包用）…100g
奶油（無鹽）…適量

**製作方法**

1 將 A 部分的材料混合，並好好揉捏 20 分鐘左右。最後加入五穀米混合均勻。

2 將麵團揉成圓形，並放入調理盆中蓋上濕毛巾。放在室溫中溫暖的地方等它膨脹至 1.5 倍大。

3 輕拍麵團去除氣泡，之後將麵團放入塗上了奶油撒上了粉的模具中。蓋上蓋子置於常溫中使其休息約 20 分鐘。

4 等其膨脹至 1.5 倍大後，放入 180℃的烤箱烘焙 20 分鐘，之後從烤模中取出。

五穀麵包

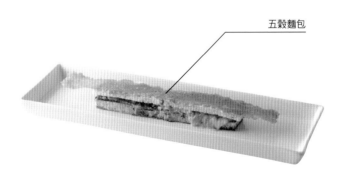

# IKEBANA 皮塔餅三明治 118頁

## 皮塔餅

**材料（容易製作的份量）**
高筋麵粉…900g
牛奶…500ml
奶油…90ml
鹽巴…10g
砂糖…10g
雞蛋…3 顆
酵母…18g

**製作方法**
1 將所有材料混合。

2 放入調理盆中蓋上濕毛巾。放在室溫中溫暖的地方等它膨脹至 1.5 倍大後，輕拍麵團去除氣泡。

3 將其擀開成 2mm 的厚度，並用平底鍋煎。膨脹後便翻面，煎熟另外一面。

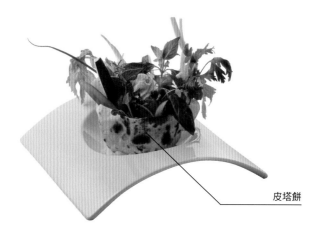

皮塔餅

# 馬賽魚湯三明治 佐法式美乃滋 120頁

## 佛卡夏

**材料（容易製作的份量）**

A

┌ 高筋麵粉…500g
│ 低筋麵粉…500g
│ 橄欖油…140ml
│ 鹽巴…20g
│ 砂糖…20g
└ 酵母…16g
水…580ml
番紅花…適量
橄欖油…適量

**製作方法**

1 將番紅花放入水中，等顏色滲到水中後將番紅花取出。

2 將第①步驟的水和材料A混合，並好好揉捏10～15分鐘。

3 放入調理盆中蓋上濕毛巾。放入冷藏庫中一天使其休息、緩緩發酵。

4 隔天早上取出麵團，並輕拍麵團去除氣泡。並分出一個麵包的份量，放在常溫處一個小時讓麵團休息。

5 等它膨脹至1.5倍大後，放入貝殼狀的模具中使其成型，並放上烤盤。然後在表面塗上橄欖油，放入180℃的烤箱烘焙20分鐘左右。

加入了番紅花的佛卡夏

# 巧巴達三明治　110頁

## 巧巴達麵包

**材料（方便製作的份量）**
高筋麵粉…350g
低筋麵粉…170g
鹽巴…12g
酵母…12g
牛奶…170ml
水…170ml
砂糖…10g
純橄欖油…10ml

**製作方法**
1　將所有的材料放入調理盆中混合均勻。等麵團變得柔順之後蓋上濕毛巾，放置於室溫處兩小時左右讓麵團休息。

2　輕拍麵團去除氣泡。放入調理盆中蓋上濕毛巾，放置於冷藏庫內兩小時左右讓麵團休息。

3　輕拍麵團去除氣泡。

4　將麵團用格子鬆餅烤模輕鋪一層，並蓋上蓋子。用瓦斯爐轉至中火加熱，並將兩面烤到帶有烤痕為止。

巧巴達麵包

# 布里尼三明治 130 頁

## 布里尼

**材料（容易製作的份量）**
蕎麥粉…500g
啤酒…450ml
蛋黃…5 顆蛋的份量
鹽巴…16g
白胡椒…8g
蛋白…3 顆蛋的份量

**製作方法**

1 將蛋白以外的材料全部混合均勻。請揉捻至沒有結塊為止。

2 將蛋白打發形成蛋白霜，並和第①步驟的麵團混合。

3 將麵團放入平底鍋中，調整外型。轉至中火加熱，等染上烤痕後就翻面並烤熟。

蕎麥粉布里尼

# 日本鮭魚鮮奶油的法式鹹蛋糕三明治 134 頁

## 法式鹹蛋糕

**材料（容易製作的份量）**
雞蛋…2 顆
牛奶…500ml
純橄欖油…60g
低筋麵粉…80g
發粉…6g
格呂耶爾起司…40g
帕馬森起司…20g
鹽巴…適量
胡椒…適量

**製作方法**

1　將雞蛋打入調理盆中並充分攪拌。之後邊攪拌邊依序加入牛奶、純橄欖油、低筋麵粉、發粉。最後加入格呂耶爾起司和帕馬森起司攪拌，最後用鹽巴和胡椒調味。

2　將奶油塗至蛋糕模具上，將第①步驟的麵團倒入模具中。放入 180℃的烤箱烘焙 20 分鐘左右便完成。

法式鹹蛋糕

# 天鵝法式起司泡芙 136頁

## 起司泡芙

**材料（容易製作的份量）**
低筋麵粉…150g
牛奶…125ml
水…125ml
奶油（無鹽）…100g
雞蛋…5顆
砂糖…8g
鹽巴…1g
起司粉…40g
蛋液…少許

**製作方法**
1 將牛奶、水、奶油、砂糖、鹽巴放入水中加熱煮沸。

2 煮沸後關火，加入低筋麵粉攪拌均勻。

3 打蛋後攪拌均勻，並一點一點緩緩加入餘熱散去後的第②步驟半成品中攪拌均勻。

4 加入起司粉並攪拌。

5 將麵團放入擠花袋中，將其擠出成直徑5cm的大小在鐵氟龍加工過的烤盤上。用刷子在麵團的表面刷上蛋液。並且仿造天鵝的頭部擠出形狀在烤盤上。

6 放入180℃的烤箱烘焙12分鐘左右便完成。

起司泡芙

## 鴨肉火腿和蔬菜慕斯的麵包乾三明治 138 頁

### 鹽風味、魁蒿風味的麵包乾

材料（容易製作的份量）
魁蒿麵包…適量
吐司…適量
無水奶油…適量
鹽巴…適量

製作方法
1 將魁蒿麵包切成薄片，並在表面塗上無水奶油。將麵包成薄片，撒上鹽巴。放入 120℃ 的烤箱烘焙 30 分鐘左右便完成。

### 黑糖風味的麵包乾

材料（容易製作的份量）
黑糖麵包…適量
無水奶油…適量

製作方法
1 將黑糖麵包切成薄片，並在表面塗上無水奶油。放入 120℃ 的烤箱烘焙 30 分鐘左右便完成。

黑糖風味麵包乾　　　鹽風味麵包乾

魁蒿風味麵包乾

### 法式餐酒館 French Bar Les Sens

以平易近人的價格提供法式精緻料理。能夠以輕鬆的氣氛享受法式料理的法式餐酒館「Les Sens」於 2017 年 3 月開幕。

地址　神奈川県横浜市青葉区美しが丘 5-2-14
電話　045-530-5939
營業時間　11 點 30 分～ 14 點（L.O）、17 點～ 23 點 30 分（L.O）
公休日　星期一（若星期一為國定假日時會營業，並改為隔天星期二公休）

### Les Sens

由在南法三星餐廳「Jardin des Sens」學習過的渡邊健善主廚，以包含著南法人溫暖的心的料理為主題，在 1997 年開幕的餐酒館。在此可以輕鬆地享用到道地法式料理的緣故至今仍廣受好評。

地址　神奈川県横浜市青葉区新石川 2-13-16-18
電話　045-903-0800
營業時間　11 點 30 分～ 14 點（L.O）、18 點～ 21 點（L.O）
公休日　星期一（若星期一為國定假日時會營業，並改為隔天星期二公休）

業主兼主廚

## 渡邊健善
Tateyoshi Watanabe

1963 年 6 月出生
18 歲時踏上料理之路，
在國內學習完畢後，於 1989 年前往法國。
歸國後在神奈川縣橫濱市的青葉區開了法式料理餐廳「Les Sens」。
於 2004 年度以敘任的方式成為了法國乳酪評鑑騎士會（Confrérie des Chevaliers du Taste-Fromage de France au Japon）之會員
現在於「Les Sens」也販售著各種法國的起司。

◎主廚曾經歷並學習過的法國餐廳
Amphycles　（巴黎 2 星）
Michel Trama（波多 3 星）
Jacque Maximan（尼斯 2 星）
Le Jardin des Sens（蒙佩利爾 3 星）
Jacques-chibois（Hotel Royal Gray、坎城 2 星）

TITLE

# 紅酒香檳╳麵包 星級主廚創新科學饗宴

STAFF

| | |
|---|---|
| 出版 | 瑞昇文化事業股份有限公司 |
| 作者 | 渡邊健善 |
| 譯者 | 葉承瑋 |

| | |
|---|---|
| 總編輯 | 郭湘齡 |
| 文字編輯 | 徐承義　蔣詩綺　李冠緯 |
| 美術編輯 | 孫慧琪 |
| 排版 | 菩薩蠻電腦科技有限公司 |
| 製版 | 印研科技有限公司 |
| 印刷 | 龍岡數位文化股份有限公司 |

| | |
|---|---|
| 法律顧問 | 經兆國際法律事務所　黃沛聲律師 |

| | |
|---|---|
| 戶名 | 瑞昇文化事業股份有限公司 |
| 劃撥帳號 | 19598343 |
| 地址 | 新北市中和區景平路464巷2弄1-4號 |
| 電話 | (02)2945-3191 |
| 傳真 | (02)2945-3190 |
| 網址 | www.rising-books.com.tw |
| Mail | deepblue@rising-books.com.tw |

| | |
|---|---|
| 初版日期 | 2019年5月 |
| 定價 | 500元 |

國家圖書館出版品預行編目資料

紅酒香檳x麵包：星級主廚創新科學饗
宴 / 渡邊健善著；葉承瑋譯. -- 初版. --
新北市：瑞昇文化, 2019.05
152面 ; 19 X 25.7公分
譯自：ワイン、シャンパンに合うパン
料理：フレンチバルの技とアイデア
ISBN 978-986-401-332-6(平裝)

1.點心食譜 2.速食食譜

427.16　　　　　　　　108005266

WINE CHAMPAGNE NI AU PAN RYOURI
© TAKEYOSHI WATANABE 2018
Originally published in Japan in 2018 by ASAHIYA SHUPPAN CO.,LTD..
Chinese translation rights arranged through DAIKOUSHA INC.,KAWAGOE.